先进材料与器件丛书

合金元素在镁合金中的
扩散行为研究

戴甲洪　蒋　斌　著

U0190021

中国科学技术大学出版社

内 容 简 介

本书总结了作者近年来在镁合金扩散方面的研究工作,同时对近年来国内外在这些方面的研究现状进行了综述。全书共 7 章,分别对典型合金元素在镁合金固/固扩散偶中的扩散行为、Mg-40Al 与典型合金元素在固/液扩散偶中的扩散行为、原子尺寸对合金元素在镁合金中扩散行为的影响、杂质元素 Fe 在 Mg 中的扩散行为、杂质元素 Cu 在 Mg 中的扩散行为、镁合金与 Ti 的界面扩散反应及力学性能进行了系统论述。

本书可供高等院校和科研院所材料科学与工程、材料成型及控制工程、金属材料工程、冶金工程等相关领域的教师、科研工作者、研究生和工程技术人员作为科研及教学参考用书。

图书在版编目(CIP)数据

合金元素在镁合金中的扩散行为研究/戴甲洪,蒋斌著. --合肥:中国科学技术大学出版社,2024.8. -- ISBN 978-7-312-06038-0

Ⅰ.TG146.22

中国国家版本馆 CIP 数据核字第 2024WV3880 号

合金元素在镁合金中的扩散行为研究
HEJIN YUANSU ZAI MEI HEJIN ZHONG DE KUOSAN XINGWEI YANJIU

出版	中国科学技术大学出版社
	安徽省合肥市金寨路 96 号,230026
	http://press.ustc.edu.cn
	https://zgkxjsdxcbs.tmall.com
印刷	安徽国文彩印有限公司
发行	中国科学技术大学出版社
开本	710 mm×1000 mm　1/16
印张	11.25
字数	224 千
版次	2024 年 8 月第 1 版
印次	2024 年 8 月第 1 次印刷
定价	60.00 元

前　言

在"双碳"和国家能源安全战略背景下,镁合金作为最轻的金属结构材料和具有巨大潜力的储氢材料,在推动社会经济绿色低碳发展中将发挥重要作用,对助力轻量化和节能减排、助推国家实现"双碳"目标、保障国家能源安全、构建新发展格局具有重要意义。

合金元素在镁合金中的扩散行为研究非常重要。大多数镁合金主要通过固溶强化和沉淀强化机制来提高材料的力学性能,然而,镁合金的固溶强化和沉淀强化的过程与扩散息息相关,另外扩散对镁合金的其他的宏观性能也起重要作用,如塑性变形、铸造性能、高温强度和抗蠕变性能。为了更好地将镁合金的强化机制应用到实际生产,需要准确的扩散数据来设计工艺参数。镁合金表面易腐蚀和易氧化,导致镁合金的扩散实验过程中的扩散偶制备难度特别高。笔者近年来一直从事合金元素在镁合金中的扩散行为研究,并取得了一些研究成果。本书将这些研究成果进行总结,内容主要包括典型合金元素 Ca、Ce、La、Nd、Y 在Mg-Al合金中的扩散,以及 Fe、Cu、Ti 在镁合金中的扩散。全书共 7 章,由戴甲洪(长江师范学院)和蒋斌(重庆大学)合著。戴甲洪制订写作大纲和统稿,并编写第 1~6 章,蒋斌编写第 7 章。

在此,谨向书中参考文献的作者表示由衷的感谢,同时,感谢重庆市自然科学基金项目(Mg-Al 系合金中 Al_8Mn_5 相的形成机理及除铁机制,

cstc2020jcyj-msxmX0544)对本书的大力支持。

　　作者衷心希望本书能够对从事镁合金研究、开发和生产的教师、研究生和技术人员提供有力的帮助,对我国镁合金的发展起到一定的推动作用。由于作者水平有限,书中难免存在不足及疏漏之处,恳请广大读者批评指正。

戴甲洪

2024 年 4 月

目　　录

第 1 章　绪　　论

1.1　镁合金简介

镁(Mg)是地壳中储量丰富的一种元素[1]，镁合金作为最轻金属结构材料，其密度只有铝的 2/3、钢的 1/4，具有密度小、比强度和比刚度高、阻尼减震性和导热性好、电磁屏蔽能力强、铸造性能好、易切削加工和回收、生物兼容性好等优点。[2-8]因此，镁合金在交通、电子、航空航天和生物医药等领域具有重要的应用前景。[9-14]然而，传统镁合金存在易氧化、抗腐蚀能力差、强度不高、抗高温蠕变性能差等固有的弱势性能阻碍了镁合金在工业上的广泛应用，导致镁合金的应用量仍然远低于铝合金和钢铁。

随着科技的飞速发展，能源危机日益紧张和环境的恶化，激发人们设法寻求轻的结构材料，不断地对汽车进行轻量化。[15-16]镁合金作为一种轻质的工程材料可以满足人们轻量化的要求，于是人们开始把目光转向镁合金的开发和研究。

1.2　常用合金元素在 Mg 中的作用

工业纯 Mg 的纯度可达 99.9%以上，因强度低和其他一些原因，很少在工程领域中作为结构材料。在纯 Mg 中加入金属元素如 Al、Zn、Mn、RE(稀土)、Zr、Li、Ce、Ag 和 Th 后得到的高强度轻质镁合金可作为结构材料。这些合金元素主要通过固溶强化和沉淀强化来提高镁合金的性能。表 1.1 简单介绍了镁合金中常见合金元素的作用。

表 1.1　常用合金元素在镁合金中的作用

合金元素	作用
Al	最常用的合金元素;通过增加最小的密度就可以提高硬度、强度和铸造性能,镁合金中 Al 的质量百分数为 2%～9%
Ca	提高热性能和机械性能,同时能细化晶粒和提高抗蠕变性能;铸造过程中加入能减少氧化;能得到更好的轧制板材;降低镁合金熔体的表面张力
Ce	提高抗腐蚀能力;增加镁的塑性变形能力、延伸率和加工硬化率;降低屈服强度
Gd	产生沉淀强化、固溶强化和时效强化;提高高温性能和蠕变性能;提高致密性
Nd	提高镁合金的强度
La	提高高温蠕变、耐腐蚀性和强度;较低的铸造气孔及裂纹
Sr	与其他元素结合提高蠕变性能
Y	与其他稀土元素结合提高高温强度和抗蠕变性能

1.3　扩散理论和机制

1.3.1　扩散理论

　　物质的迁移可以通过对流和扩散两种方式进行。[17]在气体和液体中物质的迁移一般是通过对流和扩散来实现的。但是在固体中不能发生对流,扩散几乎是物质迁移的唯一方式,其原子或分子由于热运动在介质中进行迁移。[18-19]扩散是一个非平衡的宏观不可逆的物质迁移过程,是固体材料中的一个重要现象。[20]材料的微观组织几乎都是通过扩散而生成的,如果将材料微观组织演变比喻成原子的旅行的话,那么相图就是地图,扩散系数表就是列车时刻表。[21]在材料的制备、加工和使用过程中,有许多问题与扩散有关,例如合金的熔炼和结晶,偏析与均匀化,金属材料的热处理和焊接,冷变形金属的回复和再结晶,粉末冶金的烧结,材料的固态相变,高温蠕变,以及各种表面处理等。[18, 22]

　　1. 菲克第一定律

　　菲克(A. Fick)于 1855 年通过试验得到了关于稳态扩散的第一定律,定律指出:在扩散过程中,单位时间内通过垂直于扩散方向的单位截面积的扩散通量 J 与浓度梯度 $\mathrm{d}C/\mathrm{d}x$ 成正比[23],即

$$J = -D\frac{\mathrm{d}C}{\mathrm{d}x} \tag{1.1}$$

式中,D 为扩散系数;$\mathrm{d}C/\mathrm{d}x$ 为体积浓度梯度,负号表示物质的扩散方向与浓度梯度的方向相反。菲克第一定律描述的是一种稳态扩散,即在扩散过程中合金各处的浓度及浓度梯度都不随时间而变化。

2. 菲克第二定律

菲克第一定律给出了扩散介质中任何时刻的扩散通量和浓度梯度间的关系,它既适用于稳态扩散,也适用于非稳态扩散,但是菲克第一定律没有给出扩散物质的浓度和时间的关系,因而菲克第一定律只能用于求解稳态扩散问题,对非稳态的扩散进行全面描述。大多数扩散过程是非稳态扩散,也就是指在扩散过程中,各处的浓度不仅随距离变化,而且随时间发生变化。为了描述在非稳态扩散过程中各截面的浓度与距离和时间的关系,需要建立偏微分方程。于是在菲克第一定律的基础上又建立了菲克第二定律:

$$\frac{\partial C}{\partial t} = D\frac{\partial^2 C}{\partial x^2} \tag{1.2}$$

式中,$\dfrac{\partial C}{\partial t}$ 为浓度对时间偏微分。

3. 柯肯德尔效应

在柯肯德尔(Kirkendall)效应被发现之前,人们一直以为二元置换固溶体中两个组元的扩散系数是相同的,但是事实并不是这样的。

1947 年,斯密吉斯加斯(Smigelskas)和柯肯德尔首先利用实验证明在二元置换固溶体 Cu-Zn 合金中,Zn 的扩散比 Cu 快。实验结果发现,从黄铜中扩散出去的 Zn 原子数大于从铜中扩散进来的铜原子数,也就是 Zn 原子的扩散系数大于 Cu 原子的扩散系数。这种置换固溶体中两组元原子数量不等反向扩散的现象称为柯肯德尔效应。除铜-黄铜外,后来陆续地发现在 Cu-Sn、Cu-Ni、Cu-Ag 等扩散过程中也存在柯肯德尔效应。

1.3.2 扩散机制

扩散定律是一种表象理论,只描述了扩散的宏观规律。扩散的微观过程是原子在晶体点阵中的迁移过程。宏观的扩散规律仅仅是大量微观的原子迁移的统计结果。因此,要深入地研究扩散过程还必须研究扩散的微观过程。只有把扩散过程的微观机制和表象理论结合起来,才能更全面地了解扩散过程。众所周知,晶体中的原子总是在平衡位置附近振动的。当振动的幅度超过一定值时,原子会从一个平衡位置跳跃到相邻另一个平衡位置。现在已经知道多种可能的跳跃机制。图 1.1 为晶体中可能的扩散机制。[24]下面分别进行讨论。

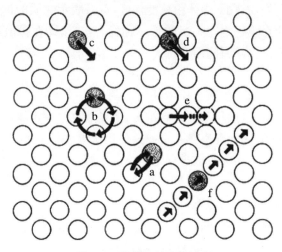

图 1.1　晶体中的扩散机制

a.直接交换；　b.环形交换；　c.空位；　d.间隙；　e.推填；　f.挤列

1. 交互机制

相邻两个原子直接交换位置而达到原子迁移的效果，如图 1.1 中 a 所示，这叫作直接交换机制。在致密的晶体中，由于交换机制过程要求相邻原子让出足够的空间，其过程会使附近点阵产生严重的畸变和需要很大的激活能，因此，一般认为交换机制在实际中几乎很难发生。Zener 在 1951 年提出环形交换机制，如图 1.1 中 b 所示，四个原子同时按一个方向回旋，以使原子迁移。直接交换机制和环形交换机制均使扩散原子通过垂直扩散方向平面的净通量为零，这两种互换机制发生的扩散不会产生柯肯德尔效应。目前，在金属和合金中还没有相关的实验证明交换机制的存在，但是在金属液体和非晶体中交换机制就很容易实现。

2. 间隙机制

间隙扩散机制是原子从晶格的一个间隙位置迁移到另一个间隙位置，如图1.1中 d 所示。H、C、N 等小的间隙溶质原子容易通过间隙扩散的方式在晶体中扩散。在间隙固溶体中，由于溶质原子的原子半径通常比溶剂原子小得多，跃迁时无须很大的晶格畸变，消耗的能量小，因而其扩散率通常都较大。在置换固溶体中，由于形成间隙原子所需的能量大，平衡状态下间隙原子的浓度较低，因而间隙扩散机制对扩散的影响较小。但是在非平衡条件下，某些原子有可能脱离正常位置进入间隙位置，此时间隙扩散过程对整个扩散的贡献增大。一个比较大的原子进入晶格的间隙位置，将很难通过间隙机制从一个间隙位置迁移到相邻的间隙位置，因为这种迁移将导致很大的畸变。于是通过一种"推填"机制，即一个填隙原子将其相邻的原子推到附近的间隙，而自己填入被推出原子的原来位置，如图 1.1 中 e 所示。此外，还有一种挤列机制，即一个间隙原子挤入晶体的原子密排方向，使多个原子偏离平衡位置，形成一个集体，如图 1.1 中 f 所示，原子沿着密排方向迁移。

3. 空位机制

热力学认为,在绝对零度以上晶体中总存在一定浓度的空位。在金属和合金中也存在着空位,在一定的温度下有一定的空位浓度,温度越高,空位浓度越大;在接近熔点时,空位浓度达到 $10^{-4} \sim 10^{-3}$ 位置分数。和空位相邻的原子比较容易进入空位位置而使其原来占据的位置变为空位,如此不断交换就可以实现原子的迁移,这就是空位扩散机制。由于空位扩散并不会引起晶格很大的畸变,所需要的能量较少,比较容易实现,故在大多数情况下,原子是借助空位机制进行扩散的,如图 1.1 中 c 所示。柯肯德尔效应实际上证明了空位扩散机制的存在。

1.4　固态金属扩散的条件以及影响因素

1.4.1　固态金属扩散的条件

固态扩散是原子在晶体点阵中跃迁的过程,只有大量原子的迁移才能表现出宏观物质迁移的效果。在固态金属中只有满足以下条件扩散才能进行:

1. 扩散驱动力

扩散要在扩散驱动力的作用下才能进行,如果没有扩散驱动了,也就不会发生扩散。从热力学方面分析,在等温等压的条件下,不管浓度梯度如何,组元原子总是由化学位高的位置自发地向化学位低的位置迁移,以降低体系的自由能。当每组元的化学位梯度在整个系统中都相等时,才达到动态平衡。当化学位梯度与浓度梯度方向一致时,溶质原子会从高浓度向低浓度扩散;相反,当化学位梯度与浓度梯度不一致时,溶质原子会从低浓度向高浓度扩散。因此,扩散的驱动力是化学位梯度,而不是浓度梯度。[25]

2. 固溶度

扩散原子只有在金属基体中有一定的固溶度,溶入基体晶格,形成固溶体,才能进行固态扩散。如果原子不能固溶进基体,也就不能发生扩散。

3. 温度

固态扩散是原子无规则的热运动而导致的物质的宏观迁移的过程。金属晶体中的原子始终以点阵为中心进行热振动,温度越高,原子热振动越剧烈,原子被激活的概率就越大。当温度很低时,原子被激活的概率很低,甚至趋近于零。因此,固态扩散必须在足够高的温度下才能进行。

4. 时间

原子在晶体中扩散每跃迁一次最多移动 $0.3 \sim 0.5$ nm,而且原子跃迁的过程是随机的,只有经过相当长的时间才能产生物质的宏观迁移。由此可见,可以采用淬火的方法使样品由高温快速地冷却到低温,使扩散过程"冻结",这样高温状态就被保留下来了。

1.4.2　影响扩散的因素

由扩散第一定律可知,单位时间内扩散量的大小由两个参数决定:扩散系数 D 和浓度梯度 $\mathrm{d}C/\mathrm{d}x$。浓度梯度与很多条件有关,因此,在一定条件下,扩散系数是表征扩散量的一个重要参数。扩散系数 D 可以表达为

$$D = D_0 \exp\left(-\frac{Q}{RT}\right)$$

式中, D_0 为扩散常数; Q 为扩散激活能; R 为气体常数; T 为热力学温度。因此,温度、扩散常数和扩散激活能影响着扩散过程。这些因素既与外因如温度、压力、应力、介质等有关,还与内因如组织、结构和化学成分有关。

1. 温度

扩散系数最主要的影响因素是温度。扩散系数 D 与温度 T 成指数关系,温度越高,原子的热振动越剧烈,原子越易发生迁移,扩散系数也越大。同时,随着温度的升高,金属内部的空位浓度升高,这也有利于扩散的进行。

2. 晶体结构

晶体结构对扩散也有影响。在具有同素异构转变的金属中,扩散系数随着晶体结构的改变将发生明显变化。不同结构的固溶体中扩散元素的溶解度是不同的,由此而造成的浓度梯度不同,从而导致了扩散速率的不同。晶体的各向异性对扩散也有影响,晶体的对称性越低,则扩散各向异性越明显。在高对称性的立方晶体中,没有发现各向异性,而具有的对称性的菱方结构的 Bi,沿不同晶向的扩散系数值差别很大,最高可达到近 1000 倍。

3. 固溶体类型

不同类型的固溶体,溶质原子的扩散激活能不同,原子的扩散机制是不一样的。间隙固溶体的扩散激活能比置换原子的小。例如 C、N 等溶质原子在 Fe 中的间隙扩散激活能比 Cr、Al 等溶质原子在 Fe 中的置换扩散激活能要小得多,置换型溶质原子必须加热到更高的温度才能趋于均匀化,因此,钢件表面热处理在获得同样渗层浓度时,渗 C、N 比渗 Cr 或 Al 等金属的所需要的时间要短。

4. 晶体缺陷

在实际使用中的绝大多数材料是多晶材料,对于多晶材料,原子主要沿三种途径扩散:晶内扩散、晶界扩散和表面扩散。对于一定的晶体结构来说,表面扩散最快,晶界扩散次之,晶内扩散最慢。在空位、位错等缺陷处的原子比完整晶格处的原子扩散容易。晶界、表面和位错等对扩散有促进作用,是因为晶体缺陷处的晶格

畸变较大,能量较高,原子容易发生跃迁。所以晶体缺陷的扩散激活能均比晶内的扩散激活能要小。[26]

5.化学成分

在金属或合金中加入第二或第三元素时,与原来组元交互作用,改变原来组元的化学势,所以元素的加入对金属或合金扩散的影响是复杂的,可能提高其扩散速率,也可能降低其扩散速率,或者对其扩散速率没有影响。甚至同一元素在同一合金系中,当条件改变时其影响也会发生变化。某些元素不仅影响扩散速度,而且影响扩散方向。

1.5 扩散偶的制备

扩散偶是指两个材料通过扩散焊合在一起的试样。扩散偶在金属合金的相图测定过程中是最常用、最高效的一种方法。[27-28]扩散偶方法可以在各种梯度条件下,即以各种参量(如温度、压力、化学位)为坐标,研究界面反应及其产物的演变情况,以及凝固通道、扩散通道、氧化腐蚀通道等之类的反应通道。同时,扩散偶的方法可以大大缩短热处理时间,合理地设计扩散偶,可能在一个试样上得到几组结线,减少所需试样的数目。扩散偶制备的常用方法[29]如图 1.2 所示。

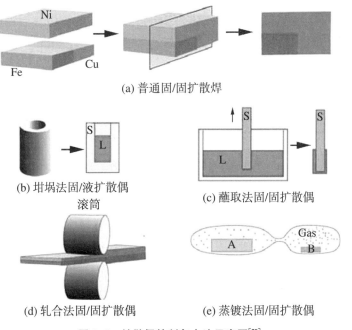

(a) 普通固/固扩散焊

(b) 坩埚法固/液扩散偶滚筒

(c) 蘸取法固/固扩散偶

(d) 轧合法固/固扩散偶

(e) 蒸镀法固/固扩散偶

图 1.2 扩散偶的制备方法示意图[29]

1.6 镁合金扩散研究

合金元素的扩散行为在镁合金的研究中非常重要。大多数镁合金主要通过固溶强化和沉淀强化机制来提高材料的力学性能[30]，然而，镁合金的固溶强化和沉淀强化的过程与扩散息息相关[31-33]，另外扩散对镁合金其他的宏观性能也起重要的作用，如塑性变形、铸造性能、高温强度和抗蠕变性能。[34-36] 为了更好地将镁合金的强化机制应用到实际生产，需要准确的扩散数据来设计工艺参数。镁合金表面易腐蚀和易氧化，导致镁合金的扩散实验过程中的扩散偶制备难度特别高。因此，镁合金扩散相关的实验数据和合金元素在镁合金的扩散报道较少。截至目前，人们已经对镁的自扩散、Mg 与 Al 和稀土（RE）等二元或三元体系进行了研究，主要研究自扩散系数、杂质扩散系数、互扩散系数和相的组成。

1.6.1 Mg 的自扩散

Shewmon 和 Rhines[37] 研究了 Mg 在 99.9% 镁多晶中的自扩散系数。Mg 晶体为密排六方晶体结构，其中 $c/a = 1.6236$。因此，合金元素在 Mg 晶体中的扩散表现出各向异性。Shewmon[38] 和 Combronde 等[39] 利用放射性示踪剂连续切片的方法研究了 Mg 单晶的 a 轴和 c 轴上的自扩散系数，结果发现 Mg 单晶沿 a 轴方向上的自扩散系数比沿 c 轴方向上的自扩散系数要大。Mantina[40] 利用第一性原理计算 Mg 的自扩散系数也得出了同样的结果。表 1.2 为 Mg 自扩系数研究的

表 1.2　Mg 自扩散系数、指前因子和扩散激活能的总结

$D_0(10^{-14}\ m^2/s)$	$Q(kJ/mol)$	$T(K)$	方　　法	研究者,年份
1.0	134	741～900	^{28}Mg,99.9% Mg,多晶体,机械切片	Shewmon, 1954
1.0（c 轴）	135	741～908	^{28}Mg,99.9% Mg,单晶体,机械切片	Shewmon, 1956
1.0（a 轴）	136			
1.78（c 轴）	139	775～906	^{28}Mg,99.99% Mg,单晶、机械切片和残余活性	Combronde, 1971
1.75（a 轴）	138			
$4.9×10^{-2}$（c 轴）	121	300～900	第一性原理模拟	Ganeshan, 2010
$4.5×10^{-2}$（a 轴）	119			

总结。由表1.2可以看出,Shewmon 和 Combronde 的实验数据吻合得较好,Mg 自扩散过程中的指前因子和扩散激活能的数值基本一致。然而,Ganeshan 利用第一性原理计算得到 Mg 自扩散的扩散激活能比实验结果要低一个数量级。也可以看出不同研究结果中 Mg 中的扩散具有的各向异性是一致的。

1.6.2 Al 在 Mg 中的扩散

Mg-Al 体系是最常见的商业镁合金。由于 Al 在 Mg 中的大量添加以及 Mg 中 Al 具有较大固溶度,同时能形成 Mg_2Al_3、$Mg_{23}Al_{30}$、$Mg_{17}Al_{12}$ 和高温相 λ。在热处理 Mg-Al 合金中析出稳定的 $Mg_{17}Al_{12}$ 相能提高镁合金的强度。截至目前,已经有大量关于 Mg-Al 二元扩散的研究报道。Mg 和 Al 两种元素相互之间都有较大的固溶度,同时 Mg 和 Al 的熔点接近,分别为 650 ℃ 和 660 ℃。这些都有利于 Mg-Al 扩散偶的成功制备和研究。

Funamizu 等[41]利用扩散偶方法研究了纯 Al 和纯 Mg 在 325~425 ℃ 下的互扩散,研究结果发现在扩散反应层由 Mg_2Al_3 和 $Mg_{17}Al_{12}$ 两相生成,而且 Mg_2Al_3 和 $Mg_{17}Al_{12}$ 反应层符合抛物线生长规律,因此,可以推断 Mg_2Al_3 和 $Mg_{17}Al_{12}$ 两相的生长由受体扩散控制。Mg_2Al_3 和 $Mg_{17}Al_{12}$ 的扩散激活能分别为 57 kJ/mol 和 117.6 kJ/mol。在整个扩散过程中 Al 的扩散比 Mg 要快。Ren 等[42]对 250~400 ℃ Mg-Al 二元扩散偶中 $Mg_{17}Al_{12}/(Mg_{17}Al_{12}+Mg)$ 相边界的成分重新进行了确定,在 $Mg_{17}Al_{12}/(Mg_{17}Al_{12}+Mg)$ 相边界的 Mg 基体侧的 Al 的原子百分数为 3%。Das 等[43-44]利用镁单晶和纯 Al 组成的扩散偶研究了 365~420 ℃ 下 Al 在 Mg 中扩散行为的各向异性,结果表明 Al 在 Mg 单晶中沿 a 轴的扩散系数比沿 c 轴的扩散系数要大 1.3 倍。另外,Das 等[45]还研究了 Al 在 Mg 中沿晶界和晶粒内部的扩散系数,结果发现,Al 元素沿 Mg 晶界的扩散系数大于晶粒内部的扩散系数。Brennan 等[46]研究纯 Mg 和纯 Al 在 300~400 ℃ 的互扩散,研究结果表明,$Mg_{17}Al_{12}$ 和 Mg_2Al_3 在扩散层中生成,$Mg_{17}Al_{12}$ 和 Mg_2Al_3 扩散层的厚度符合抛物线生长规律。该文章利用 Boltzmann-Matano 模型计算 Mg 固溶体、$Mg_{17}Al_{12}$、Mg_2Al_3 和 Al 固溶体中的互扩散系数。每个相的有效互扩散系数也被计算,Mg_2Al_3 相的有效互扩散系数比其他的大一个数量级,然后依次是 $Mg_{17}Al_{12}$>Al 固溶体>Mg 固溶体。Huemann 模型计算了 Mg-62%Al(原子百分数)在 Mg_2Al_3 中的本征扩散系数。该文章也计算实验温度范围内的互扩散和本征扩散的扩散激活,发现 Mg_2Al_3 相的扩散激活能最低。实验标记位置位于 Mg_2Al_3,因此可以推断 Al 的本征扩散比 Mg 的本征扩散要快。Kulkarni[47]研究了 380~420 ℃ Mg-Al 二元体系的互扩散和相的生长动力学。结果也发现只有 $Mg_{17}Al_{12}$、Mg_2Al_3 生成,$Mg_{17}Al_{12}$、Mg_2Al_3 符合抛物线生长规律,因此表明这两相的生长由受体扩散控制。

该文章结合元素浓度对三个不同温度下的每个相的扩散系数进行评价,并评估扩散激活能和指前因子。研究发现在 FCC-Al 中互扩散的扩散激活能随着 Mg 含量的增加而增加,在 HCP-Mg 和 $Mg_{17}Al_{12}$ 相的扩散激活能不随组成成分变化显著变化。Xiao 等[48]研究了 1060 铝合金与 Mg 在 300~400 ℃ 下中间相的生长行为。表 1.3 为已有文献报道的 $Mg_{17}Al_{12}$ 和 Mg_2Al_3 中间相的生长常数和扩散激活能。Das[44]单晶镁与铝扩散偶中生成 $Mg_{17}Al_{12}$ 和 Mg_2Al_3 中间相的生长常数和扩散激活能与 Brenann[46]、Brubaker[49]、Funamizu[41] 和 Kulkarni[47] 所研究的多晶镁与铝扩散偶中生成 $Mg_{17}Al_{12}$ 和 Mg_2Al_3 中间相的生长常数和扩散激活能接近。

表 1.3 $Mg_{17}Al_{12}$ 和 Mg_2Al_3 中间相的生长常数和扩散激活能

取向	$Mg_{17}Al_{12}$		Mg_2Al_3		参考文献
	$k_0^2(m^2/s)$	$Q(kJ/mol)$	$k_0^2(m^2/s)$	$Q(kJ/mol)$	
a 轴	1.33	175.68	5.0×10^{-8}	67.63	Das[44]
c 轴	2.53	180.34	6.0×10^{-8}	68.83	Das[44]
多晶体	0.36	165.1	2.2×10^{-8}	85.9	Brenann[46]
多晶体	6.281	227.57	8.0×10^{-8}	83.23	Brubaker[49]
多晶体	0.011	149.99	3.0×10^{-8}	65.25	Funamizu[41]
多晶体	19	187.7	2.9×10^{-8}	37.3	Kulkarni[47]
多晶体	1.188	195	2.7×10^{-7}	126.9	Liu[55]

Brennan 等[50]还利用磁控溅射的方法将纯 Al 溅射在纯 Mg 表面再进行退火处理,再对扩散后的试样利用二次质谱仪沿厚度方向进行浓度测定,研究 Al 在 Mg 中的杂质扩散。Kammerer 等[51]研究了 Mg-9%Al(质量百分数)和 Mg-3%Zn(质量百分数)固溶体的互扩散系数,以及 Al 和 Zn 的杂质扩散系数。在 350~450 ℃ 范围内,利用 Boltzmann-Matano 公式分析发现,Mg(Al)和 Mg(Zn)固溶体的互扩散系数和相应的扩散激活能随着 Al 和 Zn 元素含量的增加而增加,互扩散系数的激活能分别为[186.8(±0.9)] kJ/mol 和[139.5(±4.0)] kJ/mol;Mg(Al)中的互扩散系数比Mg(Zn)的互扩散系数小一个数量级。利用 Hall 公式分别计算了 Al 和 Zn 在 Mg 中的互扩散系数。Kammerer 等[52]利用扩散偶的方法继续研究了 Al 在三元镁合金中的扩散系数。Ganeshan 等[53]利用 8-频率模型结合泛密函数理论计算了 Al 在 Mg 中的扩散系数。Bryan 等[54]根据已有的镁合金的扩散数据建立了单相镁原子迁移率参数数据库。

1.6.3 Ca 在 Mg 中的扩散

Ca 元素易氧化,在 517 ℃下 Ca 在 Mg 中的固溶度为 0.85%(原子百分数),因此,Ca 与 Mg 的扩散偶的制备较困难。至今没有 Ca 在 Mg 中扩散系数的实验数据报道,但是利用第一性原理计算的方法评价 Ca 在 Mg 中的扩散系数已有相关报道。Ganeshan 等[53]和 Zhou 等[56]利用 8-频率模型结合泛密函数理论计算了 Ca 在 Mg 中的扩散系数。表 1.4 为 Ca 元素在密排六方 Mg 中平行基面和垂直基面两个方向的扩散系数的指前因子和扩散激活能。

表 1.4 Ca 在密排六方 Mg 中的指前因子和扩散激活能

	$D_{0\perp}$ (m²/s)	$Q_{0\perp}$ (kJ/mol)	$D_{0/\!/}$ (m²/s)	$Q_{0/\!/}$ (kJ/mol)
Ca[53]	2.83×10^{-6}	88.5	3.06×10^{-6}	101.0
Ca[56]	4.61×10^{-4}	119.1	3.41×10^{-4}	116.9

1.6.4 RE 在 Mg 中的扩散

Mg 的合金化过程中 RE 元素是一种重要的合金元素。稀土的加入可以提高镁合金冶金质量,减少或除去氢、氧等气体、氧化物夹杂和 Fe、Cu、Ni 等杂质;可以提高合金铸造性能,降低合金熔体黏度和表面张力;可以优化铸态合金组织、细化晶粒和枝晶;可以提高合金组织均匀度、各相分散度;可以提高铸件的致密性,增强镁合金中原子间结合力,减慢原子的扩散速度,提高镁合金再结晶温度和缓解再结晶过程,析出非常稳定的弥散颗粒,从而大幅度提高镁合金的耐热、耐蚀、高温强度和抗高温蠕变等综合性能。[57-61]稀土元素 Ce、Gd、Nd、La 和 Y 与 Mg 之间的扩散已经有大量的研究。

Ce 和 La 元素 500 ℃时在 Mg 中的固溶度分别为 0.05%和 0.01%(原子百分数),同时,Ce 和 La 容易氧化,在固/固扩散偶的界面容易导致氧化膜阻碍扩散的进行,因此,Ce 和 La 元素与 Mg 的扩散很难制备,相关的报道也较少。Lal 等[62]利用 Mg 和 Mg-Ce/La 形成扩散偶,研究了在 550~590 ℃和 540~595 ℃范围内 Ce 和 La 分别在固态 Mg 中的扩散系数,实验结果如表 1.5 所示。Zhang 等[63]利用固/液蘸取的方法制备了 Mg/Ce 扩散偶,并在 400 ℃进行了固态扩散。在扩散偶的界面处利用电子探针分析确定了四种富 Mg 的金属间化合物:$Mg_{11}Ce$、$Mg_{39}Ce_5$、Mg_3Ce 和 MgCe。Mostafa 等[64]研究了 Mg-Ce 二元体系的互扩散。

表 1.5 Ce 和 La 在 Mg 中的扩散系数[62]

扩散偶	$T(℃)$	$D(cm^2/s)$	扩散偶	$T(℃)$	$D(cm^2/s)$
Mg-Ce	550	$2.9×10^{-9}$	Mg-La	540	$5.9×10^{-9}$
	565	$5.4×10^{-9}$		559	$8.9×10^{-9}$
	585	$8.2×10^{-9}$		574	$11.8×10^{-9}$
	598	$13.5×10^{-9}$		595	$15.7×10^{-9}$

Mostafa[64]、Xu[65]、Brennan[66] 和 Paliwal[67] 利用纯 Mg 和纯 Nd 制备扩散偶研究了中间相的种类和生长系数。Xu[65] 研究的扩散偶中发现只有 Mg_3Nd 和 MgNd 两种中间相。Brennan[66] 研究的扩散偶中发现只有 $Mg_{41}Nd_5$ 和 Mg_3Nd 两种中间相。Mostafa[64] 和 Paliwal[67] 研究的扩散偶中发现有 $Mg_{41}Nd_5$、Mg_3Nd 和 MgNd 三种中间相。可能是实验条件的不同导致了最终实验结果的差异。图 1.3 对 Mostafa[64]、Brennan[66] 和 Paliwal[67] 得到的 Mg-Nd 体系金属间相的生长常数进行了比较,结果表明,三者的实验结果基本接近。Paliwal[67] 还系统地研究了中间相的互扩散系数和 Nd 在 Mg 中的扩散系数。

Zhao 等[68] 利用扩散偶研究了 300~500 ℃下,Y 在 Mg 中的最大固溶度以及 $Mg_{24}Y_{5-x}$ 和 Mg_2Y_{1-x} 的成分范围。结果表明,Y 在 Mg 中的最大固溶度为 4.7%(原子百分数),$Mg_{24}Y_{5-x}$ 和 Mg_2Y_{1-x} 的成分范围比目前已有的相图的区域要宽。Bermudez 等[69] 利用扩散偶的方法研究了 400~550 ℃下,Mg-Y 二元体系中间相的组成,结果表明,在界面处发现有 $Mg_{24}Y_5$ 和 Mg_2Y 两种中间相生成,未发现 MgY 中间相生成;在 Mg 的固溶体中 Mg 原子扩散得比 Y 原子要快。表 1.6 比较了 Zhao[68] 和 Bermudez[69] 研究的 $Mg_{24}Y_5$、Mg_2Y 和 MgY 中间相的生长常数和扩散激活能。Das 等[70] 利用扩散偶研究了单晶 Mg 不同取向上与 Y 和 Gd 中间相的生长常数和 Y 和 Gd 在的杂质扩散系数。Zhou 等[71] 利用 8-频率模型结合泛密函数理论计算了 Y 和 Gd 在 Mg 中的杂质扩散系数。

表 1.6 $Mg_{24}Y_5$、Mg_2Y 和 MgY 中间相的生长常数和扩散激活能

中间相	单 晶 Mg				多晶 Mg	
	a		c			
	$k_0^2(m^2/s)$	$Q(kJ/mol)$	$k_0^2(m^2/s)$	$Q(kJ/mol)$	$k_0^2(m^2/s)$	$Q(kJ/mol)$
$Mg_{24}Y_5$	$6.39×10^{-10}$	62.57	$5.65×10^{-10}$	63.43[70]	$8.84×10^{-9}$	83.6[69]
Mg_2Y	$4.02×10^{-10}$	71.24	$4.14×10^{-10}$	70.53[70]	$4.89×10^{-10}$	77.3[69]
MgY	$2.02×10^{-8}$	136.34	$3.36×10^{-8}$	138.78[70]		

综合部分文献,对已报道的实验数据进行总结。图 1.3(b)为合金元素在密排六方镁中的杂质扩散系数[39, 44, 62, 67, 70, 72],可以看出 Mg、Al 和 Zn 的扩散系数为相同的数量级,Gd 和 Y 的扩散系数比 Mg、Al 和 Zn 的扩散系数低一个数量级。Nd

的扩散系数几乎是 Gd 和 Y 扩散系数的 3 倍,但是与 Ce 和 La 的扩散系数相比要略低。

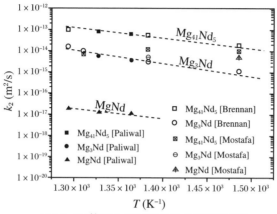

(a) Mg-Nd体系金属间相的生长常数[64, 66-67]

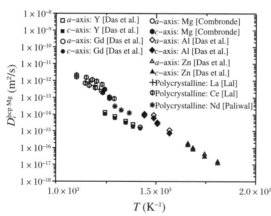

(b) 合金元素在密排六方镁中的杂质扩散系数[39, 44, 62, 67, 70, 72]

图 1.3 镁合金合金元素的扩散系数

1.6.5 其他元素在 Mg 中的扩散

Chae 等[73]研究了固态 Nd-Fe-B 与 Mg 熔体的界面处的各元素扩散行为,结果发现,在扩散过程中,Mg 熔体能将固态 Nd-Fe-B 中的 Nd 萃取出来。该文章还计算了 Nd 元素在 Mg 熔体中的扩散系数。Pierre 等[74-76]利用扩散偶的方法研究了在727 ℃下中碳钢与 Mg-Mn、Mg-Si、Mg-Zr 和 Mg-Zn 熔体的界面反应。在半饱和的 Mg-Mn(0.6%~0.7%(原子百分数)Mn)熔体中,有明显的过渡层生成,且 Mn 元素的含量呈现梯度分布,过渡层的心部为 αFe(Mn),外部为 γ(Fe, Mn)。在

饱和的 Mg-Mn(1.3%Mn(原子百分数))熔体中,在中碳钢的表面形成了连续的
β-Mn(Fe)的反应层,反应层中 Mn 元素的含量为 65%～93%(原子百分数),且 Mn
元素的扩散速度约为 Fe 元素的三倍。在 677～727 ℃ 范围内,中碳钢与
Mg-Si(0.025%Si(原子百分数))熔体界面处由于缓慢的扩散形成 αFe(Si)过渡层。
当 Mg 熔体中的 Si 含量大于 0.045%(原子百分数)时,过渡层的成分与 $\alpha_1 Fe_3 Si$ 的
化学含量接近,该反应层的生长速率较快,是因为 Fe 原子的扩散基本上为体扩散。
当 Mg 熔体中的 Si 元素含量为 1%～3.1%(原子百分数)时,扩散层的生长符合抛
物线生长规律。中碳钢与 Zr 含量为 0.11%～0.18%(原子百分数)的 Mg 熔体在
727 ℃ 的界面反应,当 Mg 熔体中的 Zr 饱和时即含量为 0.18%(原子百分数),在
基体的表面有连续的 $ZrCx$ 反应层生成。当活跃的杂质 Si 和 Mn 在含 Zr 的饱和
熔体时,球状的 $Fe_2 Zr$ 将薄薄的 $ZrCx$ 层与基体分开 10～50 μm。在 Fe-Zr 的直
接反应与间接反应生成的保护层 $ZrCx$ 之间存在着一定的竞争关系。在中碳钢和
Mg-7.7%Zn(质量百分数)熔体的界面生成了 8～10 μm 厚的 αFe(Al,Si)反应
层,但是 Zn 元素在反应层中没有发现,所以 Zn 元素没有参与到界面反应中去。

1.6.6　镁合金中三元体系的扩散

镁合金三元体系中主要利用扩散偶的方法研究含稀土的三元体系的相组成。
Mostafa 等[77-80]利用扩散偶的方法研究了 Ce-Mg-Mn 和 Mg-Mn-Nd 三元体系在
450 ℃ 等温截面,以及 Ce-Mg-Zn 和 Mg-Nd-Zn 三元体系在 300 ℃ 等温截面。
Ce-Mg-Mn 三元体系在 450 ℃ 下,6 个固/固扩散偶中没有发现 Ce-Mg-Mn 三元相。
因为 Mn 不与 Ce 和 Mg 反应,所以在三元扩散偶的 Ce-Mg 扩散层中有部分的 Mn 溶
解,大多数扩散层中可以发现岛状分布的纯 Mn,在靠近富 Mn 区的相界处有线状的
Mn 区域,在三元扩散偶的所有相中 Mn 元素均匀分布。Mg-Mn-Nd 三元体系在
450 ℃ 下的扩散过程中,Mn 的扩散速率明显低于 Mg 和 Nd,因此,在一些扩散层中
形成了 $Mn + MgNd$,$Mn + Mg_3 Nd$ 和 $Mn + Mg_{41} Nd_5$ 的两相区域。在扩散过程中只有
相对少的 Mn 越过界面向 Mg 基体扩散,在界面处相成了连续的纯 Mn 薄层,然而,仍
然有部分 Mn 固溶在 Nd、MgNd 和 $Mg_3 Nd$ 中。Ce-Mg-Zn 三元体系在 300 ℃ 下的扩
散偶中,发现 $\tau_1 (Ce_6 Mg_3 Zn_{19})$、$\tau_2 (CeMg_{29} Zn_{25})$、$\tau_3 (Ce_2 Mg_3 Zn_3)$、$\tau_4 (CeMg_3 Zn_5)$、
$\tau_5 (CeMg_7 Zn_{12})$、$\tau_6 (CeMg_{2.3-x} Zn_{12.8+x}; 0 \leqslant x \leqslant 1.1)$、$\tau_7 (CeMgZn_4)$ 和
$\tau_8 (Ce(Mg_{1-y} Zn_y)_{11}; 0.096 \leqslant y \leqslant 0.43)$ 八种化合物,Zn 在 Mg-Ce 化合物中的固
溶度随着 Mg 含量的降低而增加,Zn 在 $CeMg_{12}$ 和 $CeMg_3$ 中的固溶度分别为 5.6%
和 28.4%(原子百分数),Zn 在 CeMg 和 CeZn 完全溶解。Mg-Nd-Zn 三元体系在
300 ℃ 下的扩散偶中而增加,Zn 在 $Mg_{41} Nd_5$ 中的固溶度为 3.1%(质量百分数),
Zn 在 $Mg_3 Nd$ 中的固溶度为 30.0%(原子百分数),Zn 在 MgNd 中完全替代 Mg,

形成 $Nd(Mg, Zn)$，发现 $\tau_1(Nd_5 Mg_{21} + x Zn_{45-x}; 0 \leqslant x \leqslant 4)$、$\tau_2(Nd_5 Mg_3 + y Zn_{25-y}; 0 \leqslant y \leqslant 1)$、$\tau_3(NdMg_{1+z} Zn_{2-z}; 0 \leqslant z \leqslant 0.44)$、$\tau_4(Mg_{40} Nd_5 Zn_{55})$、$\tau_5(Mg_{22\sim23.5} Nd_{15.5\sim17.5} Zn_{59.1\sim61.8})$ 和 $\tau_6(Nd_2(Mg, Zn)_{23})$ 六种化合物，Zn 在 Mg-Nd 化合物中的固溶度随着 Mg 含量的降低全溶解，Zn 在 Mg 中的最大固溶度为 4.8%（原子百分数）。Cheng 等[81]利用扩散偶研究了 Mg-Y-Zr 体系在 500 ℃ 下的相组成和元素的固溶度。结果发现，在 Mg-Y-Zr 体系中没有三元相生成，Zr 在三种 Mg-Y 化合物中都能够固溶，在 500 ℃ 等温截面下有 4 个 3 相区：$Mg_{24} Y_5 + Mg + \alpha Zr$、$Mg_{24} Y_5 + Mg_2 Y + \alpha Zr$、$Mg_2 Y + MgY + \alpha Zr$ 和 $MgY + Y + \alpha Zr$。

Ren 等[82]研究了 Mg-Al-Mn 三元体系在 400 ℃ 下的等温截面，结果表明，在富镁端没有三元相生成，因此，Mg 的固溶体与 $Mg_{17} Al_{12}$ 或者与其他的 Al-Mn 化合物之间存在平衡固溶度。Mn 在 Mg 和 $Mg_{17} Al_{12}$ 几乎不固溶，但是在 $Al_{11} Mn_4$ 中可以固溶少量的 Mg。Xu 等[83]利用扩散偶的方法研究了 Mg-Gd-Nd 体系在 500 ℃ 下的相平衡，结果发现，在所有扩散偶中没有发现三元相生成，在扩散偶中发现：$Mg + Nd_5 Mg_{41} + GdMg_5$、$Nd_5 Mg_{41} + GdMg_5 + (Gd, Nd) Mg_3$ 和 $(Gd, Nd) Mg_3 + GdMg_2 + (Gd, Nd) Mg$ 三个三相平衡的区域，在 500 ℃ 等温截面发现亚稳态的 $NdMg_{12}$ 和 $GdMg_7$。Xiao 等[84]研究了 Mg-Nd-Gd 体系的 450 ℃ 等温截面。结果表明，$Mg_3 Gd$ 和 $Mg_3 Nd$ 形成 $(Gd, Nd)_3 Mg$ 连续固溶体，MgGd 和 MgNd 也可以形成 $(Gd, Nd) Mg$ 连续固溶体。在扩散偶发现 6 种相生成，分别为 $Mg_7 Gd$、$Mg_5 Gd$、$Mg_2 Gd$、$Mg_{41} Nd_5$、$(Gd, Nd)_3 Mg$ 和 $(Gd, Nd) Mg$。Mg、Gd 和 Nd 在所有相中的固溶度被确定。四个三相区域：$\alpha(Mg) + Mg_7 Gd + Mg_{41} Nd_5$、$Mg_7 Gd + Mg_5 Gd + Mg_{41} Nd_5$、$Mg_5 Gd + Mg_{41} Nd_5 + (Gd, Nd)_3 Mg$ 和 $(Gd, Nd)_3 Mg + (Gd, Nd) Mg + Mg_2 Gd$ 在扩散偶中被确定。吴等[85]利用三元扩散偶技术研究了 Mg-Y-Gd 三元体系 450 ℃ 的等温截面，在该温度下的三相平衡有 $Mg_3 Gd + Mg_2 Y + Mg_5 Gd$、$MgGd + Mg_2 Gd + MgY$、$MgGd + MgY + Y$、$Mg_5 Gd + Mg_2 Y + Mg_{24} Y_5$、$Mg_{24} Y_5 + Mg + Mg_5 Gd$、$Mg_2 Gd + MgY + Mg_2 Y$ 和 $Mg_3 Gd + Mg_2 Gd + Mg_2 Y$。

1.7 镁合金的热力学研究

镁合金的热力学研究已有大量的报道。欧阳等[86]利用 Miedema 理论系统研究了 Mg 与稀土 La 系元素构成的二元合金的热力学性质，计算了其液态混合焓和固态金属间化合物的形成焓，实验结果和理论的结果符合得比较好。Kang 等[87]根据实验数据、第一性原理计算数据和 Miedema 模型系统的评价和优化了 Mg 与轻稀土元素（La、Ce、Pr、Nd 和 Sm）。Kang 等[88]利用液态的短程有序模型研究了

Mg-Al-Sn 体系。Jin 等[89]利用 FactSage 热力学软件,在实验数据和第一性原理计算数据的基础上对 Al-La、Al-Ce、Al-Pr、Al-Nd 和 Al-Sm 二元体系进行了系统的评价和优化。结果表明,修正的准化学模型可以用于液态合金混合熵的计算,比 Bragg-Williams 随机混合模型得到的数据更可靠。Jin 等[90]利用实验研究了 Al 在 $Mg_{12}La$、$Mg_{12}Ce$、$Mg_{12}Pr$ 和 $Mg_{41}Nd_5$ 中的固溶度,利用 Miedema 模型评价了三元化合物的生成焓,根据已报道的实验数据和研究对 Al-Mg-RE(RE = La、Ce、Pr、Nd 和 Sm)体系进行了系统的热力学评价和优化。通过电子探针测试确定了 $Mg_{12}La$ 化合物。利用参数模型获得了所有稳定相的吉布斯自由能函数,模型通过实验结果进行了评估。Fabrichnaya 等[91]重新测量了 Mg-Y 二元体系混合焓的热力学参数,计算结果与相图和热力学的实验值一致。Guo 等[92]利用 Calphad 技术评价了 La-Mg 体系。

参 考 文 献

[1] 陈振华. 镁合金[M]. 北京:化学工业出版社,2004.

[2] 潘复生,韩恩厚. 高性能变形镁合金及加工技术[M]. 北京:科学出版社,2007.

[3] 潘复生. 轻合金材料新技术[M]. 北京:化学工业出版社,2008.

[4] 丁文江. 镁合金科学与技术[M]. 北京:科学出版社,2007.

[5] 陈振华. 变形镁合金[M]. 北京:化学工业出版社,2005.

[6] Mordike B L, Ebert T. Magnesium properties-applications-potential[J]. Materials Science and Engineering:A, 2001, 302(1):37-45.

[7] 陈振华,刘俊伟,陈鼎,等. 镁合金超塑性的变形机理研究现状及发展趋势[J]. 中国有色金属学报, 2008, 18(2):193-202.

[8] Kainer K U, Kaiser F. Magnesium alloys and technology[M]. New York:John Wiley & Sons, 2003.

[9] Luo A A. Magnesium:Current and potential automotive applications[J]. JOM, 2002, 54 (2):42-48.

[10] Musfirah A H, Jaharah A G. Magnesium and aluminum alloys in automotive industry[J]. Journal of Applied Sciences Research, 2012, 8(9):4865-4875.

[11] 黄晶晶,杨柯. 镁合金的生物医用研究[J]. 材料导报, 2006, 20(4):67-69.

[12] Staiger M P, Pietak A M, Huadmai J, et al. Magnesium and its alloys as orthopedic biomaterials:a review[J]. Biomaterials, 2006, 27(9):1728-1734.

[13] Kulekci M K. Magnesium and its alloys applications in automotive industry[J]. The International Journal of Advanced Manufacturing Technology, 2008, 39(9-10):851-865.

[14] Bowen P K, Sillekens W H. Overview:magnesium-based biodegradable implants[J]. JOM, 2016, 68(4):1-2.

[15] 刘正,张奎,曾小勤. 镁基轻质合金理论基础及其应用[M]. 北京:机械工业出版社,2002.

[16] 师昌绪，李恒德，王淀佐，等. 加速我国金属镁工业发展的建议[J]. 材料导报，2001，15 (4)：5-6.

[17] 柯斯乐 E L. 扩散流体系统中的传质[M]. 北京：化学工业出版社，2002.

[18] 胡赓祥. 材料科学基础[M]. 上海：上海交通大学出版社，2010.

[19] 夏立芳，张振信. 金属中的扩散[M]. 哈尔滨：哈尔滨工业大学出版社，1989.

[20] 余永宁，陈弋生. 多元扩散唯象理论及其应用[J]. 材料科学与工程学报，1989，7(2)：43-48.

[21] 西泽泰二. 微观组织热力学[M]. 北京：化学工业出版社，2006.

[22] 崔中圻，覃耀春. 金属学与热处理[M]. 北京：机械工业出版社，2008.

[23] 孙振岩，刘春明. 合金中的扩散与相变[M]. 沈阳：东北大学出版社，2002.

[24] 余永宁. 材料科学基础[M]. 北京：高等教育出版社，2012.

[25] 刘智恩. 材料科学基础[M]. 西安：西北工业大学出版社，2000.

[26] 潘金生，仝健民，田民波. 材料科学基础[M]. 北京：清华大学出版社，1998.

[27] 金展鹏. 三元扩散偶及其在相图研究中的应用[J]. 中南矿冶学院学报，1984，39(1)：27-35.

[28] 金展鹏. 相图在复合材料和表面处理中的应用[J]. 自然杂志，1986，9(5)：340-344.

[29] 郝士明. 局域平衡原理与相图的扩散偶法测定[J]. 材料与冶金学报. 2003，2(3)：203-209.

[30] Nie J F. Precipitation and hardening in magnesium alloys[J]. Metallurgical and Materials Transactions A, 2012, 43(11)：3891-3939.

[31] Nakajima T，Takeda M，Endo T. Strain enhanced precipitate coarsening during creep of a commercial magnesium alloy AZ80 [J]. Materials Transactions，2006，47 (4)：1098-1104.

[32] Smith A. The isothermal growth of manganese precipitates in a binary magnesium alloy [J]. Acta Metallurgica, 1967, 15(12)：1867-1873.

[33] Usta M，Glicksman M，Wright R. The effect of heat treatment on Mg_2Si coarsening in auminum 6105 Alloy[J]. Metallurgical and Materials Transactions A，2004，35 (2)：435-438.

[34] Simmons J，Dorn J E. Analyses for diffusion during plastic deformation[J]. Journal of Applied Physics, 1958, 29(9)：1308-1313.

[35] Pekguleryuz M O，Kaya A A. Creep resistant magnesium alloys for powertrain applications[J]. Advanced Engineering Materials，2003，5(12)：866-878.

[36] Maruyama K，Suzuki M，Sato H. Creep strength of magnesium-based alloys[J]. Metallurgical and Materials Transactions A，2002，33(13)：875-882.

[37] Shewmon P，Rhines F. Rate of self-diffusion in polycrystalline magnesium[J]. Journal of metallurgy，1954，2(9)：1021-1025.

[38] Shewmon P. Self-diffusion in magnesium single crystals[J]. JOM, 1956, 8(8)：918-922.

[39] Combronde J，Brebec G. Anisotropie d'autodiffusion du magnesium[J]. Acta Metallurgica，1971，19(12)：1393-1399.

［40］ Mantina M. A first-principles methodology for diffusion coefficients in metals and dilute alloys［D］. The Pennsylvania State University 2008.

［41］ Funamizu Y, Watanabe K. Interdiffusion in the Al-Mg system［J］. Transactions of the Japan Institute of Metals, 1972, 13(4): 278-283.

［42］ Ren Y P, Qin G W, Li S, et al. Re-determination of $\gamma/(\gamma + \alpha\text{-Mg})$ phase boundary and experimental evidence of R intermetallic compound existing at lower temperatures in the Mg-Al binary system［J］. Journal of Alloys and Compounds, 2012, 540: 210-214.

［43］ Das S K, Jung I H. Effect of the basal plane orientation on Al and Zn diffusion in hcp Mg ［J］. Materials Characterization, 2014, 94: 86-92.

［44］ Das S K, Kim Y M, Ha T K, et al. Anisotropic diffusion behavior of Al in Mg: couple study using Mg single crystal［J］. Metallurgical and Materials Transactions A, 2013, 44 (6): 2539-2547.

［45］ Das S K, Brodusch N, Gauvin R, et al. Grain boundary diffusion of Al in Mg［J］. Scripta Materialia, 2014, 80(3): 41-44.

［46］ Brennan S, Bermudez K, Kulkarni N S, et al. Interdiffusion in the Mg-Al system and intrinsic diffusion in $\beta\text{-Mg}_2\text{Al}_3$［J］. Metallurgical and Materials Transactions A, 2012, 43A (11): 4043-4052.

［47］ Kulkarni K N, Luo A A. Interdiffusion and phase growth kinetics in magnesium-aluminum binary system［J］. Journal of Phase Equilibria and Diffusion, 2013, 34(2), 104-115.

［48］ Xiao L, Wang N. Growth behavior of intermetallic compounds during reactive diffusion between aluminum alloy 1060 and magnesium at $573\sim673$ K［J］. Journal of Nuclear Materials, 2015, 456: 389-397.

［49］ Brubaker C, Liu Z K. Couple study of the Mg-Al system［J］. Magnesium Technology, 2004, 229.

［50］ Brennan S, Warren A P, Coffey K R, et al. Aluminum impurity diffusion in magnesium ［J］. Journal of Phase Equilibria and Diffusion, 2012, 33(2): 121-125.

［51］ Kammerer C C, Kulkarni N S, Warmack R J, et al. Interdiffusion and impurity diffusion in polycrystalline Mg solid solution with Al or Zn［J］. Journal of Alloys and Compounds, 2014, 617: 968-974.

［52］ Kammerer C C, Kulkarni N S, Warmack R J, et al. Interdiffusion in ternary magnesium solid solutions of aluminum and zinc［J］. Journal of Phase Equilibria and Diffusion, 37 (1): 65-74

［53］ Ganeshan S, Hector L G, Liu Z K. First-principles calculations of impurity diffusion coefficients in dilute Mg alloys using the 8-frequency model［J］. Acta Materialia, 2011, 59 (8): 3214-3228.

［54］ Bryan Z, Alieninov P, Berglund I, et al. A diffusion mobility database for magnesium alloy development［J］. Calphad, 2015, 48: 123-130.

［55］ Liu W, L. Long L, Ma Y, et al. Microstructure evolution and mechanical properties of Mg/Al diffusion bonded joints［J］. Journal of Alloys and Compounds, 2015, 643:34-39.

[56] Zhou B C, Shang S L, Wang Y, et al. Diffusion coefficients of alloying elements in dilute Mg Alloys: A comprehensive first-principles study[J]. Acta Materialia, 2016, 103: 573-586.

[57] Apps P, Karimzadeh H, King J, et al. Precipitation reactions in magnesium-rare earth alloys containing yttrium, gadolinium or dysprosium[J]. Scripta Materialia, 2003, 48(8): 1023-1028.

[58] Gao X, He S, Zeng X, et al. Microstructure evolution in a Mg-15Gd-0.5 Zr (wt.%) alloy during isothermal aging at 250 ℃[J]. Materials Science and Engineering: A, 2006, 431(1): 322-327.

[59] Nie J, Muddle B. Characterisation of strengthening precipitate Phases in a Mg-Y-Nd alloy [J]. Acta Materialia, 2000, 48(8): 1691-1703.

[60] Jung I H, Sanjari M, Kim J, et al. Role of RE in the deformation and recrystallization of Mg alloy and a new alloy design concept for Mg-RE alloys[J]. Scripta Materialia, 2015, 102: 1-6.

[61] Barucca G, Ferragut R, Fiori F, et al. Formation and evolution of the hardening precipitates in a Mg-Y-Nd alloy[J]. Acta Materialia, 2011, 59(10): 4151-4158.

[62] Lal K, Levy V. Study of the diffusion of cerium and lanthanum in magnesium[J]. Compt Rend Ser C, 1966, 262.

[63] Zhang X, Kevorkov D, Pekguleryuz M O. Study on the intermetallic phases in the Mg-Ce system: part Ⅱ. couple investigation[J]. Journal of Alloys and Compounds, 2010, 501 (2): 366-370.

[64] Mostafa A, Medraj M. On the atomic interdiffusion in Mg-{Ce, Nd, Zn} and Zn-{Ce, Nd} binary systems[J]. Journal of Materials Research, 2014, 29(13): 1463-1479.

[65] Xu Y, Chumbley L S, Weigelt G A, et al. Analysis of interdiffusion of Dy, Nd, and Pr in Mg[J]. Journal of Materials Research, 2001, 16(16): 3287-3292.

[66] Brennan S, Bermudez K, Sohn Y. Intermetallic growth and interdiffusion in the Mg-Nd system[C]. //9th International Conference on Magnesium Alloys and Their Applications, Vancouver, Canada, 2012,417-421.

[67] Paliwal M, Das S K, Kim J, et al. Diffusion of Nd in hcp Mg and interdiffusion coefficients in Mg-Nd system[J]. Scripta Materialia, 2015, 108: 11-14.

[68] Zhao H, Qin G, Ren Y, et al. The maximum solubility of Y in α-Mg and composition ranges of $Mg_{24}Y_{5-x}$ and Mg_2Y_{1-x} intermetallic phases in Mg-Y binary system[J]. Journal of Alloys and Compounds, 2011, 509(3): 627-631.

[69] Bermudez K, Brennan S, Sohn Y. Intermetallic phase formation and growth in the Mg-Y system[J]. Magnesium Technology, 2012: 145-148.

[70] Das S K, Kang Y B, Ha T K, et al. Thermodynamic modeling and diffusion kinetic experiments of binary Mg-Gd and Mg-Y systems[J]. Acta Materialia, 2014, 71 (71): 164-175.

[71] Zhou B C, Shang S L, Wang Y, et al. Data set for diffusion coefficients of alloying ele-

ments in dilute Mg alloys from first-principles[J]. Data in Brief, 2015, 5: 900-912.

[72] Das S K, Kim Y M, Ha T K, et al. Investigation of anisotropic diffusion behavior of Zn in hcp Mg and interdiffusion coefficients of intermediate phases in the Mg-Zn system[J]. Calphad-computer Coupling of Phase Diagrams and Thermochemistry, 2013, 42(3): 51-58.

[73] Hong J C, Kim Y D, Kim B S, et al. Experimental investigation of diffusion behavior between molten Mg and Nd-Fe-B magnets[J]. Journal of Alloys and Compounds, 2014, 586 (5): S143-S149.

[74] Pierre D, Viala J, Peronnet M, et al. Interface reactions between mild steel and liquid Mg-Mn Alloys[J]. Materials Science and Engineering: A, 2003, 349(1): 256-264.

[75] Pierre D, Peronnet M, Bosselet F, et al. Chemical interaction between mild steel and liquid Mg-Si alloys[J]. Materials Science and Engineering: B, 2002, 94(2-3): 186-195.

[76] Pierre D, Bosselet F, Peronnet M, et al. Chemical reactivity of iron base substrates with liquid Mg-Zr alloys[J]. Acta Materialia, 2001, 49(4), 653-662.

[77] Mostafa A, Medraj M. Experimental investigation of the Mg-Mn-Nd isothermal section at 450 ℃[J]. Journal of Alloys and Compounds, 2014, 608: 247-257.

[78] Mostafa A O, Medraj M. Experimental investigation of the Ce-Mg-Mn isothermal section at 723 K (450 ℃) via couples Technique[J]. Metallurgical and Materials Transactions A, 2014, 45(7): 3144-3160.

[79] Mostafa A, Medraj M. Experimental investigation of the Mg-Nd-Zn isothermal section at 300 ℃[J]. Metalsl, 2015, 5(1): 84-101.

[80] Mostafa A, Medraj M. Phase equilibria of the Ce-Mg-Zn ternary system at 300 ℃[J]. Metals, 2014, 4(2): 168-195.

[81] Cheng K, Zhou H, Du Y, et al. Experimental investigation and thermodynamic description of the Mg-Y-Zr system[J]. Journal Materials Science, 2014, 49(20): 7124-7132.

[82] Ren Y, Qin G, Pei W, et al. Isothermal section of the Mg-Al-Mn ternary system at 400 ℃[J]. Journal of Alloys and Compounds, 2009, 479(1): 237-241.

[83] Xu H, Huang Y, Li N, et al. Solid-statephase equilibria of the Mg-Gd-Nd system at 500 ℃ [J]. Journal of Phase Equilibria and Diffusion, 2015, 36(2): 110-119.

[84] Xiao L, Zhong Y, Chen C, et al. Isothermal section of Mg-Nd-Gd ternary system at 723 K [J]. Transactions of Nonferrous Metals Society of China, 2014, 24: 777-782.

[85] 吴刘明明, 刘立斌, 陈翠萍. Mg-Y-Gd 三元系 723 K 等温截面的研究[J]. 金属材料与冶金工程, 2014, 42(2): 12-16.

[86] 欧阳义芳, 廖树帜. 稀土镁合金的热力学性质研究[J]. 稀有金属材料与工程, 1995, 24 (6): 32-37.

[87] Kang Y B, Jin L, Chartrand P, et al. Thermodynamic evaluations and optimizations of binary Mg-light rare earth (La, Ce, Pr, Nd, Sm) systems[J]. Calphad, 2012, 38: 100-116.

[88] Kang Y B, Pelton A D. Modeling short-range ordering in liquids: the Mg-Al-Sn system

[J]. Calphad, 2010, 34(2): 180-188.

[89] Jin L, Kang Y B, et al. Thermodynamic evaluation and optimization of Al-La, Al-Ce, Al-Pr, Al-Nd and Al-Sm systems using the modified quasichemical model for liquids[J]. Calphad, 2011, 35(1): 30-41.

[90] Jin L, Kevorkov D, Medraj M, et al. Al-Mg-RE (RE = La, Ce, Pr, Nd, Sm) systems: thermodynamic evaluations and optimizations coupled with key experiments and Miedema's model estimations[J]. The Journal of Chemical Thermodynamics, 2013, 58: 166-195.

[91] Fabrichnaya O, Lukas H, Effenberg G, et al. Thermodynamic optimization in the Mg-Y system[J]. Intermetallics, 2003, 11(11): 1183-1188.

[92] Guo C, Du Z. Thermodynamic assessment of the La-Mg system[J]. Journal of Alloys and Compounds, 2004, 385(1): 109-113.

第2章 典型合金元素在镁合金固/固扩散偶中的扩散行为

Mg-Al合金在常见结构材料中具有最高的强度重量比,在航空航天和汽车工业中的应用受到越来越多的关注。[1]$Mg_{17}Al_{12}$是Mg-Al合金中一个重要的相,它在晶界强化和抑制高温晶界滑动中起着重要的作用,但在高温下$Mg_{17}Al_{12}$相容易软化,从而降低了镁合金的蠕变性能。[2]因此,限制了Mg-Al合金的广泛应用。通过合金化方法可以显著地改善Mg-Al合金的高温蠕变性能。研究表明,在Mg-Al合金中添加Ca和稀土(RE,如Ce、La、Nd和Y等)元素生成Al-Ca和Al-RE等高熔点的金属间化合物,能改善镁合金的微观组织和显著地提高镁合金的高温力学性能。在镁合金中已经有大量关于Al-Ca和Al-RE等高熔点的金属间化合物对微观组织和力学性能的影响的研究,主要包括Al-Ca和Al-RE金属间化合物在镁合金中种类、形貌、分布和大小对微观组织和力学性能的影响。然而,在Mg-Al-Ca/RE三元体系中Al-Ca和Al-RE等高熔点的金属间化合物的形成过程尚不清楚。众所周知,扩散动力学是对理解材料中相的转变和沉淀析出行为是非常重要的。虽然已经有大量关于Mg-Al二元[3-4]和Mg-RE[5-7]二元合金体系的扩散动力学报道,但是Mg-Al-Ca/RE三元体系中金属化合物形成的扩散动力学研究的报道却较少。扩散偶是研究金属间化合物形成过程的有效方法,目前在很多材料的研究中已经应用。因此,本章利用固态扩散偶技术构建不同成分的扩散偶,研究Al、Ca、Ce、La、Nd、Y在镁合金中的扩散行为和Al-X(X = Ca、Ce、La、Nd、Y)等金属间化合物在镁合金中的形成过程。

2.1 固态扩散偶的制备

由于纯Ca、Ce、La、Nd和Y金属易氧化,它们与镁制备扩散偶的过程中扩散偶界面处容易形成氧化膜,从而阻碍元素的扩散。因此,本研究选择Ca、Ce、La、Nd和Y合金元素含量较高的镁中间合金作为基体。实验材料为Mg-40%Al(质量百分数,下同)(简称Mg-40Al)、Mg-20%Ca(简称Mg-20Ca)、

Mg-2%Ce（简称 Mg-20Ce）、Mg-20% La（简称 Mg-20La）、Mg-30% Nd（简称 Mg-30Nd）和 Mg-30%Y（简称 Mg-30Y）商业镁中间合金。并对这些镁中间合金进行了多次重熔，确保其组织均匀。根据相图[9-14]可知，Mg-40Al 合金主要含有 $Mg_{17}Al_{12}$ 相，其熔点为 460 ℃，Mg-20Ca 合金的熔点为 585 ℃，Mg-20Ce 合金的熔点为 592 ℃，Mg-20La 合金的熔点为 630 ℃，Mg-30Nd 合金的熔点为 630 ℃。Mg-30Y合金的熔点为 595 ℃。

　　Mg-40Al 合金易碎，不能承受扩散偶夹具的夹持力，因此，不能用夹具法制作固体扩散偶。然而，Mg-40Al 合金的熔点明显低于 Mg-X（X = 20Ca、20Ce、20La、30Nd、30Y）合金，因此，考虑采用固/液蘸取的方法制备扩散偶。先将 Mg-X 镁中间合金切成 3 mm×3 mm×10 mm 的长条，然后，用 200 粒度的砂纸将长条的镁中间合金表面磨光，去除表面的氧化膜。在电阻炉中 500 ℃下利用不锈钢坩埚将 Mg-40Al 镁中间合金熔化，并通入六氟化硫和二氧化碳混合气体进行保护，然后将制备好的 Mg-X（X = 20Ca、20Ce、20La、30Nd、30Y）镁中间合金长条迅速插入到 Mg-40Al 熔体中，蘸取 Mg-40Al 熔体后迅速将其取出，空冷至室温，由于 Mg-40Al 合金的热膨胀系数大于 Mg-X 镁中间合金，在凝固过程中，Mg-40Al 与 Mg-X 镁中间合金形成了紧密的接触，得到（Mg-40Al）/（Mg-X）固/固扩散偶。扩散偶的制备过程如图 2.1 所示。将制备好的固态扩散偶用玻璃管装好并密封，为减少扩散退化过程中的氧化，用氩气清洗玻璃管三次后抽真空，最终玻璃管内压力约 1 Pa，再通氩气并将玻璃管密封，然后将密封好的玻璃管放入热处理炉中，在实验温度下退火处理一定时间，表 2.1 为固/固扩散偶的保温温度和退火时间。退火结束后将密封的玻璃管敲碎，并迅速将扩散偶试样放入冷水中淬火。

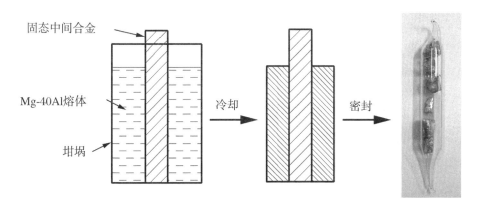

图 2.1　固/固扩散偶制备示意图

2.2　测试分析方法

采用低速切割机垂直于扩散界面将扩散偶切开,然后将试样切割面用 200、400、600、800、1000 目金相砂纸进行磨制后抛光,再利用光学显微镜观察磨制好的试样界面处是否形成了连续规整的扩散层,以便进行后续的表征实验。采用 TES-CAN VEGAⅡ LMU 扫描电子显微镜的背散射电子(BSE)对扩散层进行形貌观察,采用 OXFORD INCA 能谱仪(EDS)对扩散层的浓度分布和金属间化合物的成分进行分析。

采用 Rigaku D/max 2500PC X 射线衍射仪(XRD)对扩散层中的相组成进行分析。XRD 的测试参数为 Cu 靶、电流为 30 mA、电压为 40 kV、波长为 1.54056 Å,扫描范围为 10°～90°,扫描速度为 4°/min,所得实验数据利用 Jade5 软件进行分析。由于 Mg-40Al 基体主要为 $Mg_{17}Al_{12}$ 的硬脆相,在 XRD 试样制备时 Mg-40Al 基体很容易碎。于是将扩散偶的 Mg-40Al 侧的基体磨掉,直到扩散层的剖面露出,然后对露出的扩散层剖面进行 XRD 测试,如图 2.2 示意图所示。

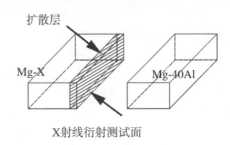

图 2.2　XRD 检测面的示意图

2.3　扩散偶界面微观组织分析组成

2.3.1　(Mg-40Al)/(Mg-20Ca)固/固扩散偶界面组织

图 2.3(a)为(Mg-40Al)/(Mg-20Ca)扩散偶热处理前的 BSE 照片,图 2.3(b)～(d)为(Mg-40Al)/(Mg-20Ca)扩散偶在 350 ℃、375 ℃和 400 ℃下分别保温 72 h 的 BSE 照片,可以明显看出,扩散偶在热处理前没有形成扩散层,热处理后在 Mg-40Al 和 Mg-20Ca 基体之间有明显的扩散层生成,而且原始界面将扩散层分成

两层,靠近 Mg-40Al 基体为扩散层Ⅰ,靠近 Mg-20Ca 基体为扩散层Ⅱ。扩散层Ⅰ主要由网状的化合物组成,随着扩散的进行界面处 Mg-40Al 基体中大量 Al 原子逐渐地向 Mg-20Ca 基体扩散,导致界面处 Mg-40Al 基体中的 Al 原子的浓度降低,形成了网状化合物。扩散层Ⅱ主要由大量的骨骼状的金属间化合物组成,可能是 Al 元素扩散到 Mg-20Ca 基体后与 Ca 反应生成的。在 350 ℃下,从 Mg_2Ca 形貌上可以明显看出扩散层中部分 Ca 原子明显保持原来 Mg_2Ca 的大致形貌,随着温度的升高这种现象逐渐变得不明显,可能是随着温度升高,Ca 元素的扩散速度增加,原来 Mg_2Ca 中的 Ca 原子逐渐向周围扩散。另外,在扩散层Ⅱ与 Mg-20Ca 基体交界处的固溶区域随着温度升高宽度明显增加。在三个不同温度下的扩散偶中,Mg-20Ca基体中的 Ca 元素的分布是不均匀的,其中有少量的大块的 Mg_2Ca 和弥散细小的 Mg_2Ca,但是从扩散层的厚度上是平直整齐的,Ca 元素的不均匀分布并没影响扩散过程。在 350 ℃、375 ℃和 400 ℃下保温 72 h 后形成的扩散反应层中金属间化合物的体积分数,随温度呈线性增加。

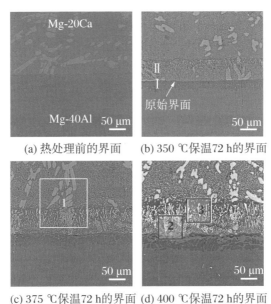

(a) 热处理前的界面　　(b) 350 ℃保温72 h的界面

(c) 375 ℃保温72 h的界面 (d) 400 ℃保温72 h的界面

图 2.3　(Mg-40Al)/(Mg-20Ca)扩散偶界面处的 BSE 照片

为了确定扩散层中的相组成,于是利用 XRD 对在 400 ℃下保温 72 h 的(Mg-40Al)/(Mg-20Ca)扩散偶的扩散层进行物相分析,XRD 物相分析结果如图 2.4 所示。从 XRD 结果可以看出,扩散层主要由 Al_2Ca 和 Mg 组成,因此,可以初步推断 Al_2Ca 为扩散层中生成的金属间化合物。大量的研究发现,在 Mg-Al-Ca 三元合金体系中有 Mg_2Ca[14],Al_2Ca[14],$(Al, Mg)_2Ca$[15-17] 三种化合物或三种化合物的混合物[18],因为这三种化合物具有类似的晶体结构,然而,在 400 ℃保温 72 h 的(Mg-40Al)/(Mg-20Ca)扩散偶的反应层的 XRD 中没有发现$(Al, Mg)_2Ca$ 化合物。因此,要确定扩散层中金属间化合物的组成需要进一步的分析。

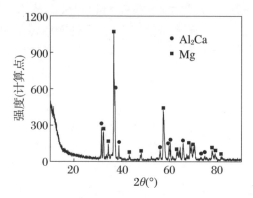

图 2.4　400 ℃保温 72 h 扩散层的 XRD 分析

　　(Mg-40Al)/(Mg-20Ca)扩散偶在 400 ℃下保温 72 h 的扩散层 EDS 成分轮廓如图 2.5 所示,可以看出,扩散层Ⅰ中主要由 Mg 和 $Mg_{17}Al_{12}$ 组成,扩散层Ⅱ中主要由 Mg 和 Al_2Ca 组成。由 Al 元素的浓度曲线可以发现,Al 原子越过原始界面向 Mg-20Ca 基体扩散,在扩散层Ⅰ中 Al 元素浓度先由 36.67%(原子百分数)降到 9.76%(原子百分数),然后再由 9.3%(原子百分数)升到 25.99%(原子百分数),Al 元素的迁移导致了 Mg-40Al 基体中的 Al 元素浓度降低,从而由致密的 $Mg_{17}Al_{12}$ 金属间化合物转变为网状的 $Mg_{17}Al_{12}$ 金属间化合物和 Mg(Al)固溶体,与 Mg-40Al 基体相比扩散层Ⅰ中 Al 元素的迁移导致形成贫铝区。然而,Mg-20Ca 基体中的 Ca 元素没有越过界面向 Mg-40Al 基体扩散。在扩散层Ⅱ中 Al 元素向 Mg-20Ca 基体方向逐渐降低,而 Ca 元素在 Mg-20Ca 基体和扩散层Ⅱ中的浓度基本保持不变。

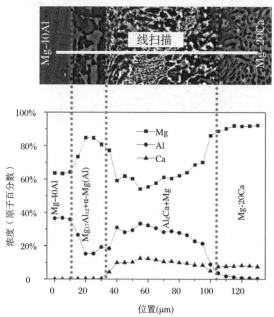

图 2.5　(Mg-40Al)/(Mg-20Ca)扩散偶 400 ℃保温 72 h 扩散层的成分轮廓图

图 2.6(a)~(b)分别为图 2.3(d)中的区域 2 和 3。在区域 2 和 3 中存在大量骨骼状金属间化合物,A 和 B 的 EDS 结果分别如图 2.6(c)~(d)所示。点 A 和 B 的 Al/Ca 原子比分别为 2.28 和 2.13。结合金属间化合物的微观组织、EDS 结果以及之前的文献报道[12-15],可以判断区域 2 和 3 中的骨骼状金属间化合物为 Al_2Ca,然而,Mg_2Ca 和 $(Al,Mg)_2Ca$ 金属间化合物在扩散层中没有发现。EDS 结果与 XRD 结果一致。因此,Al_2Ca 是(Mg-40Al)/(Mg-20Ca)扩散偶的扩散层中唯一生成的金属间化合物。

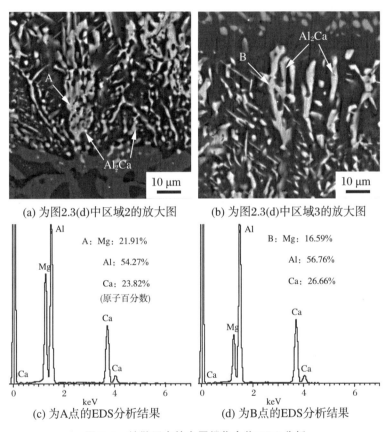

(a) 为图2.3(d)中区域2的放大图　　　(b) 为图2.3(d)中区域3的放大图

(c) 为A点的EDS分析结果　　　(d) 为B点的EDS分析结果

图 2.6　扩散层中的金属间化合物 EDS 分析

图 2.7 为图 2.3(c)中区域 1 的 Mg、Al 和 Ca 元素的 EDS 面扫描分析,从图中可以看出,Al_2Ca 的形成是由于 Al 元素扩散到 Mg-20Ca 基体后取代了 Mg_2Ca 中的 Mg,然后,Al 与 Ca 反应生成 Al_2Ca 金属间化合物。从 Mg_2Ca 形貌上可以明显看出扩散层中 Ca 元素分布基本保持原来 Mg_2Ca 的大致形貌。说明在本实验温度下的扩散过程中 Ca 元素的扩散速率比 Al 元素的扩散速率明显要慢,Al 元素在扩散过程中为主要的扩散元素。

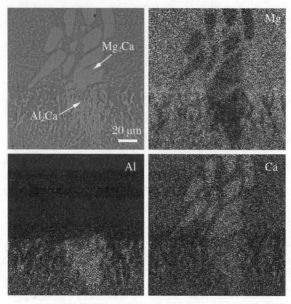

图 2.7　图 2.3(d) 中区域 1 的 SEM/EDS 面扫描的 Mg、Al 和 Ca 元素的浓度分布

2.3.2　(Mg-40Al)/(Mg-20Ce) 固/固扩散偶界面组织

(Mg-40Al)/(Mg-20Ce) 扩散偶热处理前和 350～400 ℃ 退火 72 h 的扩散偶界面的 BSE 照片如图 2.8 所示,从图中可以明显看出,扩散偶在热处理前没有形成扩散层,热处理后原始界面将扩散层分成扩散层 I 和 II。扩散层 I 由于界面处 Mg-40Al 基体中大量的 Al 原子向 Mg-20Ce 基体扩散,导致界面附近 Mg-40Al 基体形成了贫铝层。随着温度的升高,扩散层的厚度增加。同时,扩散层 II 中的针状化合物的数量也明显增加。针状化合物的生长方向沿扩散层生长,可能是因为扩散层的垂直方向,金属间化合物生长所需的能量最低。虽然 Mg-20Ce 基体中的组织不是很均匀,但是扩散层整体呈现整齐而平直,因此,Mg-20Ce 基体不均匀的组织并没有明显影响整个扩散过程。

图 2.9 为在 400 ℃ 下保温 72 h 的扩散偶的两个不同位置的扩散层横截面 XRD 物相分析的结果,可以发现,在扩散层中的两个横截面上的金属间化合物均有 Al_4Ce、$Al_{11}Ce_3$、Al_3Ce、Al_2Ce 和 AlCe 组成。为了确定 Al-Ce 金属间化合物的形貌和分布,需要对扩散层的微观组织进一步分析。

图 2.10 为 (Mg-40Al)/(Mg-20Ce) 扩散偶在 400 ℃ 下保温 72 h 后扩散层的成分轮廓图。可以看出 Al 元素从 Mg-40Al 基体越过原始界面向 Mg-20Ce 基体扩散,在扩散层 I 中 Al 元素先从 37.88%(原子百分数,下同)下降到 9.3%,在该浓

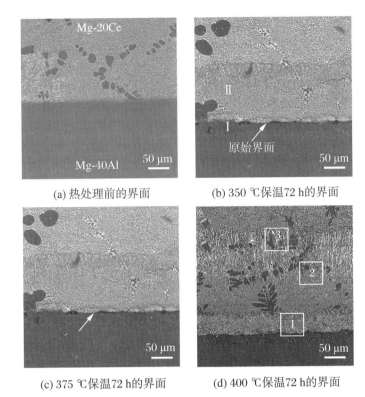

(a) 热处理前的界面　　　　　　　　(b) 350 ℃保温 72 h 的界面

(c) 375 ℃保温 72 h 的界面　　　　　(d) 400 ℃保温 72 h 的界面

图 2.8　(Mg-40Al)/(Mg-20Ce) 扩散偶界面的 BSE 照片

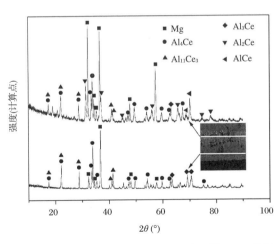

图 2.9　在 400 ℃下保温 72 h 反应产物的 XRD 分析

度附近保持一定的距离后,再从 9.5% 上升到 22.5%,在扩散层 Ⅱ 中 Al 元素从 22.5% 逐渐降低直到为 0。然而,在扩散层 Ⅰ 中几乎没有 Ce 元素存在,而且扩散层 Ⅱ 中 Ce 元素的含量与 Mg-20Ce 基体中的 Ce 元素的含量基本一致。因此,Ce

元素没有越过原始界面向 Mg-40Al 基体扩散。从 EDS 结果可以发现,由Mg-40Al
基体向Mg-20Ce基体扩散层中的金属间化合物种类依次为 $Mg_{17}Al_{12}$、Al_4Ce、
$Al_{11}Ce_3$、Al_3Ce和 Al_2Ce。

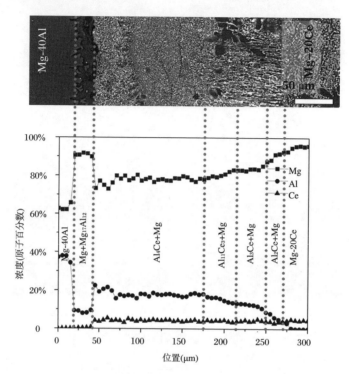

图 2.10　(Mg-40Al)/(Mg-20Ce)扩散偶 400 ℃保温 72 h 扩散层的成分轮廓图

图 2.11(a)～(c)分别为图 2.8(d)中的区域 1、2 和 3 的放大图。图 2.11(a)中
有大量的颗粒状的金属间化合物生成。图 2.11(b)中有大量的颗粒状和针状的金
属间化合物生成。图 2.11(c)中有大量的针状和块状的金属间化合物生成。同时
对图 2.11 中的不同形貌的金属间化合物进行了 EDS 分析,表 2.2 为 A～F 点的
EDS 分析结果。结合金属间化合物的形貌和 EDS 结果,可以确定 A 和 B 点颗粒
状金属间化合物为 Al_4Ce,C 点处的针状金属间化合物为 $Al_{11}Ce_3$,D 点处的针状
金属间化合物为 Al_3Ce,E 点处的块状金属间化合物为 Al_2Ce,F 点处 Mg(Al) 固溶
体。然而,在扩散层的 BSE 照片中没有发现 AlCe 金属间化合物,可能是因为
AlCe 的含量太少,很难被发现。金属间化合物的形貌和 EDS 分析结果与之前的
XRD 分析结果是基本一致的。因此,可以确定在 350～400 ℃下(Mg-40Al)/(Mg-
20Ce)扩散偶的扩散层中金属间化合物组成主要为 Al_4Ce、$Al_{11}Ce_3$、Al_3Ce 和
Al_2Ce。

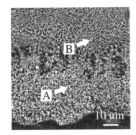 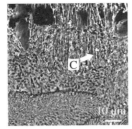 

(a) 图2.8(d)中区域1的放大图　(b) 图2.8(d)中区域2的放大图　(c) 图2.8(d)中区域3的放大图

图 2.11　图 2.8(d)中的放大图

表 2.2　图 2.11 中扩散层中不同位置的 EDS 分析结果(原子百分数)

位置	Mg	Al	Ce	Al/Ce 比	相
A	68.61%	25.57%	5.82%	4.39%	Al_4Ce
B	73.82%	21.10%	5.08%	4.15%	Al_4Ce
C	67.18%	25.98%	6.84%	3.79%	$Al_{11}Ce_3$
D	63.97%	27.82%	8.21%	3.38%	Al_3Ce
E	75.99%	15.90%	8.11%	1.96%	Al_2Ce
F	94.93%	5.07%	—	—	固溶体

2.3.3　(Mg-40Al)/(Mg-20La)固/固扩散偶界面组织

图 2.12 为(Mg-40Al)/(Mg-20La)扩散偶热处理前和在 350～400 ℃下保温72 h 界面处的 BSE 照片。可以看出,扩散偶在热处理前没有形成扩散层,热处理后在 Mg-40Al 和 Mg-20La 基体之间有明显扩散反应层生成,而且扩散层由两层组成,靠近 Mg-40Al 为扩散层 Ⅰ,靠近 Mg-20La 为扩散层 Ⅱ,从宏观上看,扩散层 Ⅱ与 Mg-20La 基体没有明显的形貌差异,且在交界的位置没有明显的分界。扩散层Ⅱ中原来的 Mg-La 化合物的形貌基本保持不变,可能是在该温度下 La 元素没有被激活,导致 La 元素不能发生明显的扩散。扩散层的厚度随温度的升高明显增加。

图 2.13 为(Mg-40Al)/(Mg-20La)扩散偶在 400 ℃保温 72 h 扩散层的 XRD物相分析。从 XRD 结果可以看出,扩散层中的金属间化合物主要由 Al_4La 和$Al_{11}La_3$ 组成。为了确定金属间化合物的种类、形貌和分布,需要对扩散层中的微观组织进一步的研究。

图 2.14 为(Mg-40Al)/(Mg-20La)扩散偶的在 400 ℃下保温 72 h 扩散层的EDS 成分轮廓。扩散层 Ⅰ 主要由 Mg 和 $Mg_{17}Al_{12}$ 组成,扩散层 Ⅱ 主要由 Mg、

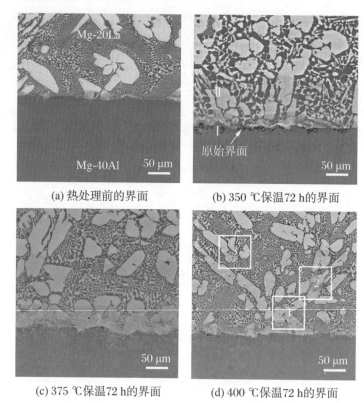

(a) 热处理前的界面　　　　　　(b) 350 ℃保温72 h的界面

(c) 375 ℃保温72 h的界面　　　　(d) 400 ℃保温72 h的界面

图 2.12　(Mg-40Al)/(Mg-20La)扩散偶界面的 BSE 照片

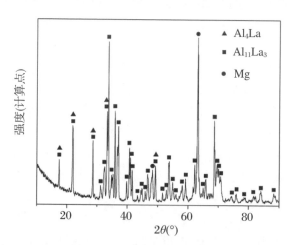

图 2.13　(Mg-40Al)/(Mg-20La)扩散偶在 400 ℃保温 72 h 扩散层的 XRD 分析

Al$_4$La和 Al$_{11}$La$_3$组成。由 Al 元素的浓度曲线可以发现，Al 原子越过原始界面向
Mg-20La 基体扩散，在扩散层Ⅰ中 Al 元素浓度先由 38.52%（原子百分数，下同）
降到 14.35%，然后，再由 14.60% 升到 19.74%。与 Mg-40Al 基体相比扩散层Ⅰ

中 Al 元素的迁移导致了贫铝区形成,而 La 没有越过界面向 Mg-40Al 基体扩散,这与图 2.12 中的微观组织吻合。在扩散层Ⅱ中 Al 元素向 Mg-20La 基体方向逐渐降低,而 La 元素浓度基本保持不变。Al 元素在扩散层Ⅱ中的浓度分布不同导致了 Al-La 种类的不同。

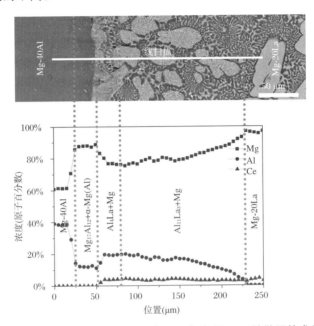

图 2.14　(Mg-40Al)/(Mg-20La)扩散偶 400 ℃保温 72 h 扩散层的成分轮廓图

图 2.15(a)～(b)分别为图 2.12(d)中的区域 1 和 2。从图中可以发现,区域 1 和 2 中颗粒状化合物弥散分布在原来 Mg-La 化合物的位置。图 2.15(c)～(d)分别为点 A 和 B 的 EDS 结果。点 A 和 B 的 Al/La 原子比分别为 4.08 和 3.51。根据 EDS 结果可以判断区域 1 和 2 中的颗粒状金属间化合物分别为 Al_4La 和 $Al_{11}La_3$,这与 XRD 结果一致。因此,在(Mg-40Al)/(Mg-20La)扩散偶的扩散层中金属间化合物主要为 Al_4La 和 $Al_{11}La_3$。

在图 2.12 中扩散层与 Mg-20La 基体的宏观形貌没有明显差异。因此,对扩散层与 Mg-20La 基体的过渡区域(图 2.12(d)中区域 3)进行放大分析。图 2.16 为图 2.12(d)中区域 3 的 BSE/EDS 面扫描,从区域 3 的 BSE 照片可以看出扩散层中原来致密的 $Mg_{12}La$ 有大量弥散分布的颗粒状的 $Al_{11}La_3$ 生成,所以可以发现在扩散层Ⅱ和 Mg-20La 基体交界处的微观组织是不同的。从 Mg、Al 和 La 的元素分布可以看出,Al 元素扩散到 $Mg_{12}La$ 中取代其中的 Mg 原子,并与 La 原子反应生成 Al-La 金属间化合物,而 La 原子没有发生明显的扩散迁移。因此,Al 原子和 La 原子在镁中的扩散行为不同。Al 原子在镁中的扩散速率明显大于 La 原子在镁中的扩散速率。

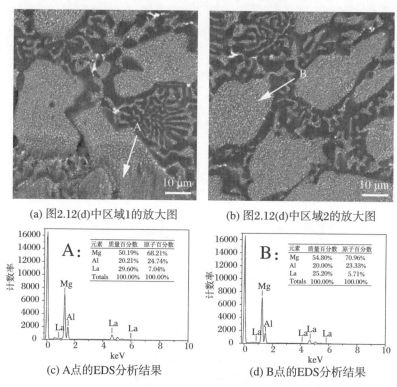

(a) 图2.12(d)中区域1的放大图　　　　(b) 图2.12(d)中区域2的放大图

(c) A点的EDS分析结果　　　　(d) B点的EDS分析结果

图 2.15　扩散层中金属间化合物的 EDS 分析

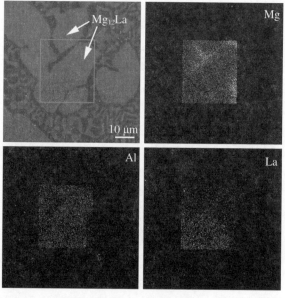

图 2.16　图 2.12(d)中区域 3 的 BSE/EDS 面扫描 Mg、Al 和 La 元素的浓度分布

2.3.4　(Mg-40Al)/(Mg-30Nd)固/固扩散偶界面组织

图 2.17 为(Mg-40Al)/(Mg-30Nd)扩散偶热处理前和在 350～400 ℃下保温 72 h 扩散界面的 BSE 照片,可以明显看出,扩散偶在热处理前没有形成扩散层,热处理后在 Mg-40Al 和 Mg-30Nd 基体之间有明显的扩散层Ⅰ和Ⅱ生成。在扩散层Ⅱ中靠近 Mg-30Nd 基体有大量的针状的金属间化合物生成,针状化合物的沿扩散层的厚度方向生长,可能是因为平行扩散层的生长方向上,金属间化合物生长所需要的能量最低。扩散层Ⅱ与 Mg-30Nd 基体的界面处有明显的分界线;扩散层Ⅱ中靠近原始界面的微观组织与 Mg-30Nd 基体的组织相似,存在大量的颗粒状的金属间化合物。随着温度的升高,扩散层的厚度增加,针状的金属间化合物的数量明显增加。

图 2.18 为扩散偶在 400 ℃下保温 72 h 的扩散层 XRD 物相分析结果,可以明显看出,XRD 物相分析结果中除了含有 Al_4Nd[19-20]、$Al_{11}Nd_3$[21]、Al_3Nd、Al_2Nd 和 Mg 外,还有 $Mg_{41}Nd_5$ 和 $Mg_{12}Nd$。可以确定 Al_4Nd、$Al_{11}Nd_3$、Al_3Nd 和 Al_2Nd 为扩散层中生成的金属间化合物,而 $Mg_{41}Nd_5$ 和 $Mg_{12}Nd$ 金属间化合物可能存在 Mg-30Nd 基体中。对扩散层中金属间化合物种类的确定还需要进一步研究。

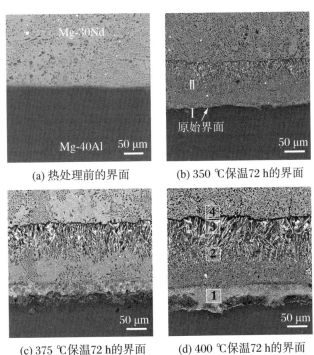

(a) 热处理前的界面　　　　　(b) 350 ℃保温72 h的界面

(c) 375 ℃保温72 h的界面　　　　(d) 400 ℃保温72 h的界面

图 2.17　(Mg-40Al)/(Mg-30Nd)扩散偶界面的 BSE 照片

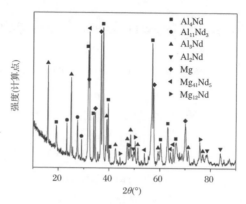

图2.18 在400 ℃保温72 h后扩散层中反应产物的X射线衍射图

图 2.19 为(Mg-40Al)/(Mg-30Nd)扩散偶在 400 ℃下保温 72 h 后扩散层的 EDS 成分轮廓图,可以看出,扩散层中的金属间化合物主要为 Al_4Nd、$Al_{11}Nd_3$、Al_3Nd 和 Al_2Nd,金属间化合物在扩散层中对应的区域如图 2.19 所示。从扩散层的浓度曲线发现,因为 Mg-40Al 基体中的 Al 元素向 Mg-30Nd 基体扩散,所以在靠近 Mg-40Al 基体附近的 Al 元素的浓度由 36.79%(原子百分数,下同)降到 11.53%,再由11.53%升到37.75%,形成了明显的贫 Al 区,该区域由 Mg(Al)固溶体和 $Mg_{17}Al_{12}$ 组成。然而,Nd 元素浓度在扩散层 Ⅱ 和 Mg-30Nd 基体中保持水平,Nd 元素在扩散退火过程中没有向 Mg-40Al 基体发生明显的迁移。

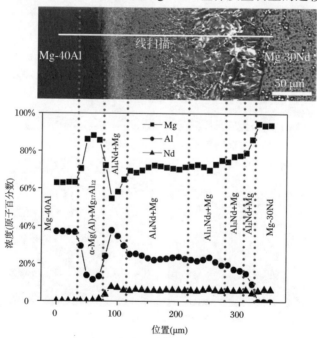

图2.19 (Mg-40Al)/(Mg-30Nd)扩散偶在400 ℃保温72 h 的扩散层的成分轮廓图

图 2.20 为图 2.17(d) 中 1～4 四个区域的 BSE 放大图。结合微观组织，EDS 分析和文献可以推测，区域 1 中的颗粒状金属间化合物为 Al_4Nd。区域 2 中的针状和颗粒状金属间化合物分别为 $Al_{11}Nd_3$[21-22] 和 Al_3Nd[21]。区域 3 中的针状和层状金属间化合物分别为 Al_3Nd[21-22] 和 Al_2Nd[21]。然而，$Mg_{41}Nd_5$ 和 $Mg_{12}Nd$ 在扩散层中没有发现，但是在 Mg-30Nd 基体中发现了网状和块状的金属间化合物分别为 $Mg_{41}Nd_5$ 和 $Mg_{12}Nd$。XRD 结果中发现的 $Mg_{41}Nd_5$ 和 $Mg_{12}Nd$ 可能是 Mg-30Nd 基体中的金属间化合物。因为 XRD 检测的扩散层的剖面主要附着在 Mg-30Nd 基体上，可能在样品制备的过程中有 Mg-30Nd 基体在检测面露出。因此，扩散层中的金属间化合物为 Al_4Nd、$Al_{11}Nd_3$、Al_3Nd 和 Al_2Nd 金属间化合物。

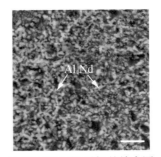

(a) 图2.17(d)中区域1的放大图

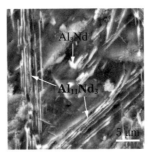

(b) 图2.17(d)中区域2的放大图

(c) 图2.17(d)中区域3的放大图

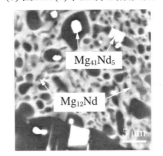

(d) 图2.17(d)中区域4的放大图

图 2.20　图 2.17 中(c)区域的放大图

2.3.5　(Mg-40Al)/(Mg-30Y)固/固扩散偶界面组织

图 2.21 为 (Mg-40Al)/(Mg-30Y) 扩散偶热处理前和在 350～400 ℃下保温 72 h 的扩散界面的 BSE 照片。从图中可以发现，扩散偶在热处理前没有形成扩散层，热处理后在 Mg-40Al 和 Mg-30Y 基体之间有扩散层生成，靠近 Mg-40Al 为扩散层Ⅰ，靠近 Mg-30Y 为扩散层Ⅱ。扩散层Ⅱ与 Mg-30Y 基体的交界处有明显的界线。靠近原始界面扩散层Ⅱ中保持原来的 $Mg_{24}Y_5$ 化合物的形貌基本保持不变，因此，在 (Mg-40Al)/(Mg-30Y) 扩散偶的扩散过程中 Y 元素具有遗传性，可能是在

该温度下 Y 元素几乎不发生明显的扩散迁移。靠近 Mg-30Y 基体的扩散层 Ⅱ 中原来块状的 $Mg_{24}Y_5$ 化合物转变为针状的化合物,且针状化合物的生长方向与扩散层的生长方向平行,可能是因为扩散层的厚度方向上,化合物生长所需的能量最低的原因。扩散层的厚度随温度的升高明显增加。虽然 Mg-30Y 基体中的组织不均匀,但是扩散层的厚度是整齐而平直的,说明在 Mg-30Y 中组织不均匀并没有影响扩散层厚度的均匀性。

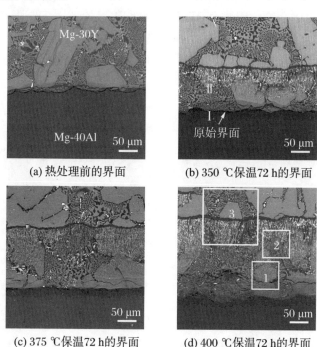

(a) 热处理前的界面　　　　　　(b) 350 ℃保温72 h的界面

(c) 375 ℃保温72 h的界面　　　　(d) 400 ℃保温72 h的界面

图 2.21　(Mg-40Al)/(Mg-30Y)扩散偶界面的 BSE 照片

　　图 2.22 为(Mg-40Al)/(Mg-30Y)扩散偶在 400 ℃下保温 72 h 扩散层的 XRD 物相分析,从图中可以看出,XRD 物相分析结果主要为 Al_4Y、$Al_{11}Y_3$、Al_3Y、Al_2Y、$Mg_{24}Y_5$ 和 Mg,Al-Y 金属间化合物是由扩散过程中 Al 和 Y 的相互扩散后反应生成的,要确定金属间化合物的种类、形貌、分布以及其形成过程需要进一步分析微观组织。

　　图 2.23 为(Mg-40Al)/(Mg-30Y)扩散偶的扩散层 EDS 成分轮廓图,可以看到,扩散层 Ⅰ 主要由 Mg 和 $Mg_{17}Al_{12}$ 组成,扩散层 Ⅱ 主要由 Mg、Al_4Y 和 $Al_{11}Y_3$ 组成。从 Al 元素的浓度曲线可以发现,Al 原子越过原始界面向 Mg-30Y 基体扩散,在扩散层Ⅰ中 Al 元素浓度先由 37.42%(原子百分数,下同)降到 12.67%,然后再由 11.23%升到 20.56%。与 Mg-40Al 基体相比扩散层 Ⅰ 中 Al 元素的迁移导致了贫铝区形成,而 Y 原子没有越过界面向 Mg-40Al 基体扩散。在扩散层 Ⅱ 中 Al 元素向Mg-30Y基体方向逐渐降低,而 Y 元素在 Mg-30Y 基体和扩散层 Ⅱ 中的浓度基本保持水平的趋势,只是在靠近扩散层 Ⅰ 的附近出现了浓度的下降。

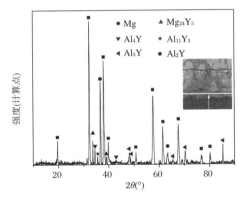

图 2.22　(Mg-40Al)/(Mg-30Y)扩散偶在 400 ℃保温 72 h 扩散层 XRD 分析

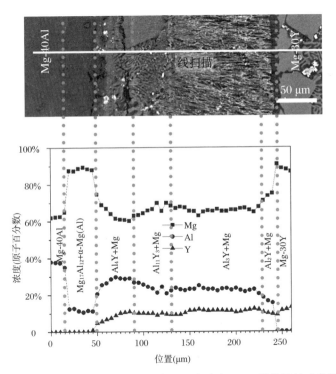

图 2.23　(Mg-40Al)/(Mg-30Y)扩散偶 400 ℃保温 72 h 扩散层的成分轮廓图

图 2.24(a)和(b)分别为图 2.21(d)中的区域 1 和 2。区域 1 主要为原来 $Mg_{24}Y_5$ 所在区域。EDS 分析发现致密的组织为 Al_4Y,针状化合物为 $Al_{11}Y_3$。区域 2 中金属间化合物为层状的金属间化合物,EDS 分析可知层状金属间化合物为 Al_3Y。然而,Al_2Y 的数量可能太少在扫描电镜下没有表征出来,EDS 分析结果与 XRD 结果基本一致。

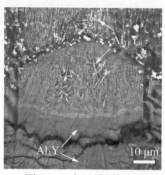
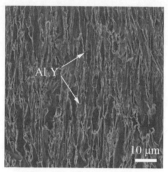

(a) 图2.21(d)中区域1的放大图　　　　(b) 图2.21(d)中区域2的放大图

图 2.24　图 2.21(d)中区域的放大图

　　图2.25中发现扩散层与Mg-30Y基体的交界处有明显的界线。因此,图2.25对扩散层与Mg-30Y基体的交界位置(图2.21(d)中区域3)进行了线扫描分析。从线扫描的结果发现扩散层与Mg-30Y基体的交界处Mg元素的浓度远高于两侧说明,在扩散层与Mg-30Y基体的交界处形成了固溶区。Al元素从扩散层越过界面后几乎趋近于零。Y元素在两侧都有,但是扩散层侧由于生成了层状的金属间化合物,Y元素分布较分散,Mg-30Y基体侧由于为大块状的$Mg_{24}Y_5$金属间化合物,故Y元素分布较均匀。固溶区的形成可能原因是在扩散过程中,Al元素不断向Mg-30Y基体扩散,大量的Y元素与Al元素发生反应,形成了稳定的化合物,Mg-30Y基体与扩散层交界处Y元素的大量迁移,从而形成了固溶区。另外也可能与Y在镁中的固溶度较大有关。

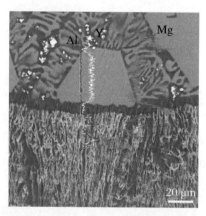

图 2.25　图 2.21(d)中区域 3 的线扫描

　　综上所述,(Mg-40Al)/[Mg-X(X = 20Ca、20Ce、20La、30Nd、30Y)]扩散偶在350～400 ℃下保温72 h后均能形成明显的扩散层,原因是温度升高原子的振动能越大,借助与能量起伏而越过能垒进行迁移的原子概率越大,原子的扩散速率增加。此外,温度升高,基体内部的空位浓度提高,这也有利于扩散,从而促进扩散层的生长。在靠近 Mg-40Al 基体的形成明显贫铝层。因为在扩散过程中，Al 原子在 Mg 中的扩散速率明显比 Ca、Ce、La、Nd 和 Y 原子快，Mg-40Al 基体中的大量的 Al 原子向 Mg-X（X = 20Ca、20Ce、20La、30Nd、30Y）基体迁移，Ca、Ce、La、Nd 和 Y 原子均未向 Mg-40Al 迁移，从而导致贫铝层的形成。因此，Al 元素和 Ca、Ce、La、Nd、Y 元素在 Mg 中的扩散行为是不同的。在扩散过程中，Al 元素占主导作用。Al 元素越过原始界面向 Mg-X（X = 20Ca、20Ce、20La、30Nd、30Y）基体扩散，在扩散开始阶段 Al 元素扩散到 Mg-X（X = 20Ca、20Ce、20La、30Nd、30Y）基体中，形成固溶体，随着扩散的进行，当 Al 元素的浓度达到饱和时，将与基体中的 Ca、Ce、La、Nd、Y 元素反应生成 Al-X（X = Ca、Ce、La、Nd、Y）金属间化合物，并在基体中析出。然而 Ca、Ce、La、Nd、Y 元素均没有越过原始界面向 Mg-40Al 基体扩散。因此，在镁合金中 Al 元素的扩散速率比 Ca、Ce、La、Nd 和 Y 元素大。可能受原子半径对扩散过程的影响。Al、Ca、Ce、La、Nd 和 Y 元素的原子半径关系为 $r_{Al} < r_{Mg} < r_Y < r_{Nd} < r_{Ce} < r_{La} < r_{Ca}$，由于原子的扩散机制主要为空位机制，原子半径越小越容易扩散，在上述元素中 Al 元素的原子半径最小，因此，在扩散过程中，Al 元素比 Ca、Ce、La、Nd 和 Y 元素更容易扩散。

Al、Ca、Ce、La、Nd 和 Y 元素在镁合金扩散行为不同的可能原因有以下五点：

(1) Al、Ca、Ce、La、Nd 和 Y 元素在镁合金扩散与固态扩散过程中的扩散激活能有关，扩散激活能与金属的熔点呈线性关系。Al（660 ℃）的熔点明显低于 Ca（842 ℃）、Ce（799 ℃）、La（918 ℃）、Nd（1021 ℃）和 Y（1522 ℃）的熔点。同时 Mg-40Al 镁中间合金的熔点比 Mg-X（X = 20Ca、20Ce、20La、30Nd、30Y）镁中间合金的熔点要低，所以在（Mg-40Al）/（Mg-X（X = 20Ca、20Ce、20La、30Nd、30Y））扩散偶中 Al 元素扩散所需要的扩散激活能比 Ca、Ce、La、Nd、Y 元素要低。

(2) Al、Ca、Ce、La、Nd 和 Y 元素在镁合金扩散与扩散偶中的合金元素的原子半径有关，Al 原子的半径（143 pm）比 Ca（197 pm）、Ce（185 pm）、La（187 pm）、Nd（181 pm）和 Y（180 pm）原子的原子半径要小。原子的扩散机制主要为空位机制，因此，Al 原子在 Mg 中的扩散比 Ca、Ce、La、Nd、Y 原子更容易。

(3) Al、Ca、Ce、La、Nd 和 Y 元素在镁合金扩散与元素的反应有关，Al 元素比 Ca、Ce、La、Nd、Y 元素优先越过原始界面向 Mg-X（X = 20Ca、20Ce、20La、30Nd、30Y）基体扩散，并与基体中的 Ca、Ce、La、Nd、Y 元素反应生成稳定的金属间化合物，从而阻碍 Ca、Ce、La、Nd、Y 元素越过界面向 Mg-40Al 基体扩散。

(4) Al、Ca、Ce、La、Nd 和 Y 元素在镁合金扩散与 Mg-Al-X（X = Ca、Ce、La、Nd、Y）三元合金系统中的热力学有关，元素的扩散都是在扩散驱动力作用下进行的，如果没有驱动力也就不可能发生扩散。化学位梯度是扩散的驱动力，而化学位与热力学密切相关，从热力学来看，在等温等压条件下，不管浓度梯度如何，组元原子总是从化学位高的位置自发地向化学位低的位置迁移，以降低系统的自由能，

Mg-Al 二元体系的生成焓大于 Mg-Ca/Ce/La/Nd/Y 二元体系和 Al-X（X = Ca、Ce、La、Nd、Y）二元体系的生成焓，因而，Mg-40Al 基体中的化学位比 Mg-X（X = 20Ca、20Ce、20La、30Nd、30Y）基体的化学位高，从而导致 Al 元素自发地向 Mg-X（X = 20Ca、20Ce、20La、30Nd、30Y）基体扩散迁移。

（5）Al、Ca、Ce、La、Nd 和 Y 元素在镁合金扩散可能与它们在镁中的固溶度有关，因为扩散原子在基体金属中必须有一定的固溶度才能溶入基体金属的晶格中形成固溶体，这样才能进行固态扩散。如果原子不能进入基体金属晶格，也就不能扩散。由 Mg-Al/Ca/Ce/La/Nd/Y 二元相图[13]可知，Al 在 Mg 中的固溶度明显大于 Ca、Ce、La、Nd、Y 在 Mg 中的固溶度。因此，Al 元素在 Mg 基体中比 Ca、Ce、La、Nd 和 Y 元素更容易扩散。

2.4　扩散路径分析

Mg-Al-Ca[23]、Mg-Al-Ce[24]、Mg-Al-La[25]、Mg-Al-Nd[26] 和 Mg-Al-Y[27] 在 400 ℃下三元等温截面相图已经报道，于是结合（Mg-40Al）/[Mg-X（X = 20Ca、20Ce、20La、30Nd、30Y）]扩散偶在 400 ℃下保温 72 h 的扩散层的微观组织和元素成分，对各扩散偶在 400 ℃的扩散路径进行描述。图 2.26 至图 2.30 分别为根据扩散层的成分轮廓在 Mg-Al-X（X = Y、Nd、Ce、La、Gd、Ca、Sr）三元体系 400 ℃下三元等温截面相图中绘制的扩散路径。从图 2.26 中可以看出，由 Mg-40Al 到 Mg-20Ca扩散路径依次通过：γ、$Al_2Ca + \gamma + Mg$、$Al_2Ca + Mg$、$Al_2Ca + C36 + Mg$、$Mg_2Ca + C36 + Mg$ 和 $Mg_2Ca + (Mg)$ 相区，其中，$Al_2Ca + Mg$ 相区与微观组织、XRD 和 EDS 的实验结果一致。扩散路径通过的 $Al_2Ca + C36 + Mg$，$Mg_2Ca + C36 + Mg$ 相区，在扩散层中没有找到（Al，Mg）$_2$Ca-C36 金属间化合物，可能因为（Al，Mg）$_2$Ca-C36 金属间化合物很难稳定存在或者该化合物的含量太少，目前的表征手段很难找到。因此，可以确定扩散层中生成的金属间化合物为 Al_2Ca。

从图 2.27 中可以看出，（Mg-40Al）/（Mg-20Ce）扩散偶的扩散路径主要经过：$Ce_3Al_{11} + Mg + \gamma$、$Ce_3Al_{11} + Mg$、$Ce_3Al_{11} + CeAl_3 + Mg$ 和 $CeAl_3 + CeAl_2 + Mg$ 相区，这些区域包含了 $Al_{11}Ce_3$、Al_3Ce 和 Al_2Ce 金属间化合物，然而 Al_4Ce 为不稳定金属间化合物，所以在 Mg-Al-Ce 三元体系研究中没有标识。在 400 ℃下的 Mg-Al-Ce三元相图中（Mg-40Al）/（Mg-20Ce）扩散偶的扩散路径说明 $Al_{11}Ce_3$、Al_3Ce 和 Al_2Ce 金属间化合物存在，这与前面的 XRD、微观组织和 EDS 实验结果基本一致。

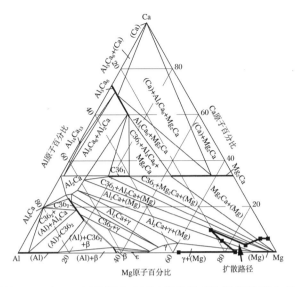

图 2.26　(Mg-40Al)/(Mg-20Ca)扩散偶 400 ℃保温 72 h 后
在 Mg-Al-Ca 在三元相图中的扩散路径示意图

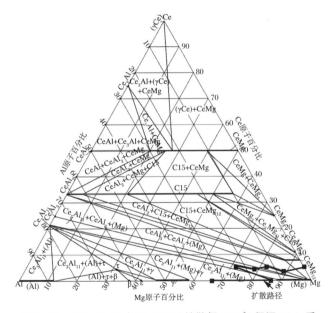

图 2.27　(Mg-40Al)/(Mg-20Ce)扩散偶 400 ℃保温 72 h 后
在 Mg-Al-Ce 在三元相图中的扩散路径示意图

如图 2.28 所示,(Mg-40Al)/(Mg-20La)扩散偶的扩散路径主要通过 $Mg_{17}Al_{12}$ + $\alpha La_3 Al_{11}$ + Mg、$LaAl_3$ + $LaAl_2$ + Mg 和 $LaAl_2$ + $Mg_{17}La_2$ + Mg 区域,其中, $\alpha La_3 Al_{11}$ + Mg 与 XRD 和 EDS 的实验结果一致。$Al_4 La$ 在 Mg-Al-La 三元相图 中没有相关报道,另外 $Al_3 La$ 和 $Al_2 La$ 在扩散偶的微观组织和 XRD 分析中没有

发现,可能是 Al_3La 和 Al_2La 的含量太少,本实验所用的表征手段难以找到,或者在本实验的扩散偶中没有生成。Mg-20La 基体中的 $Mg_{12}La$ 化合物在 400 ℃ 下 Mg-Al-La三元等温截面相图中也有体现。

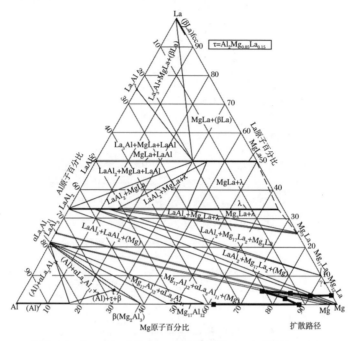

图 2.28　(Mg-40Al)/(Mg-20La)扩散偶 400 ℃保温 72 h 后
在 Mg-Al-La 在三元相图中的的扩散路径示意图

如图 2.29 所示,(Mg-40Al)/(Mg-30Nd)扩散偶的扩散路径经过 $Mg_{17}Al_{12}$ + $\alpha Nd_3 Al_{11}$ + Mg、$NdAl_3$ + $NdAl_2$ + Mg、$NdAl_2$ + $Mg_{41}Nd_5$ + Mg 和 $NdAl_2$ + $Mg_{41}Nd_5$ + Mg 相区。扩散路径通过的相区中含有 $Al_{11}Nd_3$、Al_3Nd 和 Al_2Nd 金属间化合物,这与微观组织、XRD 和 EDS 的实验结果一致。由于在 400 ℃ 下 Mg-Al-Nd三元等温截面相图中没有关于 Al_4Nd 的相关报道,所以没有 Al_4Nd 的相关区域。因此,本实验中的 Al_4Nd 没有在 400 ℃ 下 Mg-Al-Nd 三元等温截面相图上进行讨论。

如图 2.30 所示,(Mg-40Al)/(Mg-30Y)扩散路径经过 YAl_2 + γ + Mg、YAl_2 + Mg 和 YAl_2 + Mg + $Mg_{24}Y_5$ 相区。在扩散路径通过的相区中只含有一种Al-Y金属间化合物 Al_2Y,而微观组织、XRD 以及 EDS 的实验结果发现的 Al_4Y、$Al_{11}Y_3$ 和 Al_3Y在扩散路径的相区中没有体现,然而 Al_2Y 在扩散层中含量较少,其微观组织没有表征出来。

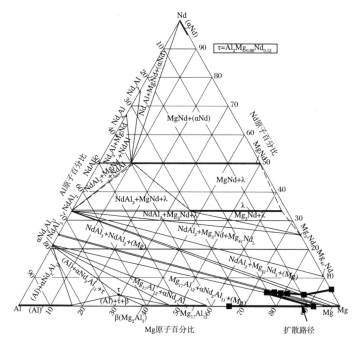

图 2.29　(Mg-40Al)/(Mg-30Nd)扩散偶 400 ℃保温 72 h 后
在 Mg-Al-Nd 在三元相图中的扩散路径示意图

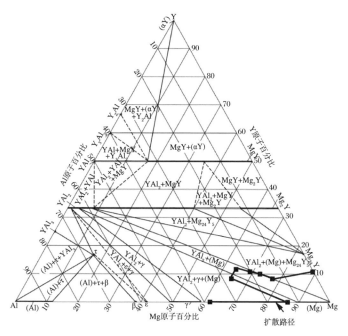

图 2.30　(Mg-40Al)/(Mg-30Y)扩散偶 400 ℃保温 72 h 后
在 Mg-Al-Y 在三元相图中的扩散路径示意图

2.5　扩散层中金属间化合物的热力学分析

2.5.1　Mg-Al-X(X=Ca、Ce、La、Nd、Y)三元体系中二元合金的生成焓

前面的实验结果表明在(Mg-40Al)/[Mg-X(X=20Ca、20Ce、20La、30Nd、30Y)]扩散偶的反应层中生成的金属间化合物主要为 Al-X(X=Ca、Ce、La、Nd、Y)二元金属间化合物。然而,在(Mg-40Al)/[Mg-X(X=20Ca、20Ce、20La、30Nd、30Y)]扩散偶的界面有三种元素存在,其中可能发生的二元反应有多种。为了得到 Mg-Al-X(X=Ca、Ce、La、Nd、Y)三元合金系中不同二元金属间化合物的析出规律,通过热力学确定二元金属间化合物的析出顺序。在化学反应的过程中生成焓的负值越大,表明该物质键能越大,热稳定越好,放出的能量就越多,该体系能量降得越低,因而在热的条件下更稳定,在化学反应时更容易生成。热力学计算大多数采用理论或半经验模型对二元合金的生成焓进行计算。目前 Miedema模型[28-31]在生成焓的计算中相对准确,于是本书采用 Miedema 模型对 Mg-Al-X(X=Ca、Ce、La、Nd、Y)三元合金体系中的所有二元合金的生成焓进行计算。

Miedema 模型的数学表达式为

$$\Delta H_{ij} = \frac{F_{ij}x_i(1 + \mu_i ix_j(\Phi_i - \Phi_j))x_j(1 + \mu_j x_i(\Phi_j - \Phi_i))}{x_i V_i^{2/3}(1 + \mu_i x_j(\Phi_i - \Phi_j)) + x_j V_j^{2/3}(1 + \mu_j x_i(\Phi_j - \Phi_i))} \quad (2.1)$$

其中

$$f_{ij} = 2pV_i^{2/3}V_j^{2/3}\frac{(q/p((n_{ws}^{1/3})_j - (n_{ws}^{1/3})_i)^2 - (\Phi_i - \Phi_j)^2 - \alpha(r/p))}{(n_{ws}^{1/3})_i^{-1} + (n_{ws}^{1/3})_j^{-1}} \quad (2.2)$$

式中,x_i,x_j 分别为 i 和 j 原子的摩尔分数;n_{ws}^i,n_{ws}^j 分别是 i 和 j 原子的电子密度参数;V_i,V_j 分别是 i 和 j 原子的摩尔体积;Φ_i,Φ_j 分别是 i 和 j 原子的电化学式;p,q,r,α,μ 分别为经验参数,Miedema 模型根据所计算材料的组元、组成的电负性、电子结构等不同对经验参数取不同的值。Miedema 模型已总结出经验参数取值规定,其中 $q/p=9.4$,对于固态合金 $\alpha=1$,对于液态金属 $\alpha=0.73$;对二价金属元素,$\mu=0.10$,对于碱金属元素 $\mu=0.14$;对于三价金属元素和 Cu、Ag、Au,$\mu=0.07$;对于其他金属元素 $\mu=0.04$;对于 p 的取值,如果 i 和 j 元素分别属于过渡元素和非过渡元素时,$p=12.3$,如果都为过渡元素,则 $p=14.1$,都为非过渡元素时 $p=10.6$。至于 r/p 的取值,当 i 和 j 元素都属过渡族或非过渡族时 $r/p=0$;当 i 和 j 元素分别属于过渡族和非过渡族时,r/p 的值与 i 和 j 元素在周期表中的具

体位置有关。如表2.3中所示，r/p 的值为过渡金属与非过渡金属 r/p 值之积。

表 2.3　Miedema 模型中参数 r/p 的值[28]

过渡金属										非过渡金属					a
Ca	Sc	Ti	V	Cr	Mn	Fe	Co	Ni	Cu	Li	Be	B	C	N	固相
0.4	0.7	1.0	1.0	1.0	1.0	1.0	1.0	1.0	0.3	0	0.4	1.9	2.1	2.3	1.0
Sr	Y	Zr	Nb	Mo	Tc	Ru	Rh	Pd	Ag	Na	Mg	Al	Si		液相
0.4	0.7	1.0	1.0	1.0	1.0	1.0	1.0	1.0	0.15	0	0.4	1.9	2.1		0.73
Ba	La	Hf	Ta	W	Re	Os	Ir	Pt	Au	K	Zn	Ga	Ge	As	
0.4	0.7	1.0	1.0	1.0	1.0	1.0	1.0	1.0	0.3	0	0.4	1.9	2.1	2.3	
Th	U	Pu								Rb	Cd	In	Sn	Sb	
0.7	1.0	1.0								0	0.4	1.9	2.1	2.3	
										Cs	Hg	Tl	Pb	Bi	
										0	0.4	1.9	2.1	2.3	

根据 Miedema 模型，结合表 2.3 和表 2.4 中的参数分别计算了 Mg-Al-X（X = Ca、Ce、La、Nd、Y）三元体系中所有二元合金在不同摩尔含量下的生成焓曲线，如图 2.31(a)～(e)所示。从图中可以明显看出在不同摩尔含量下 Al-X（X = Ca、Ce、La、Nd、Y）的生成焓都远小于 Mg-Al 和 Mg-Ca/Ce/La/Nd/Y 的生成焓。因此，在 Mg-Al-X（X = Ca、Ce、La、Nd、Y）三元合金体系中，Al-X（X = Ca、Ce、La、Nd、Y）二元合金优先发生反应生成金属间化合物。热力学生成焓的计算结果与微观组织、XRD 物相分析、EDS 和扩散路径的分析结果基本一致。

表 2.4　Mg、Al、Ca、Ce、La、Nd 和 Y 的参数值[32]

元素	$n_{\text{ws}}^{1/3}$	Φ	$V^{2/3}$	μ
Mg	1.17	3.45	5.8	0.10
Al	1.39	4.20	4.6	0.07
Ca	0.91	2.55	8.8	0.07
Ce	1.19	3.18	7.76	0.07
La	1.09	3.05	8.0	0.07
Nd	1.20	3.19	7.51	0.07
Y	1.21	3.20	7.34	0.07

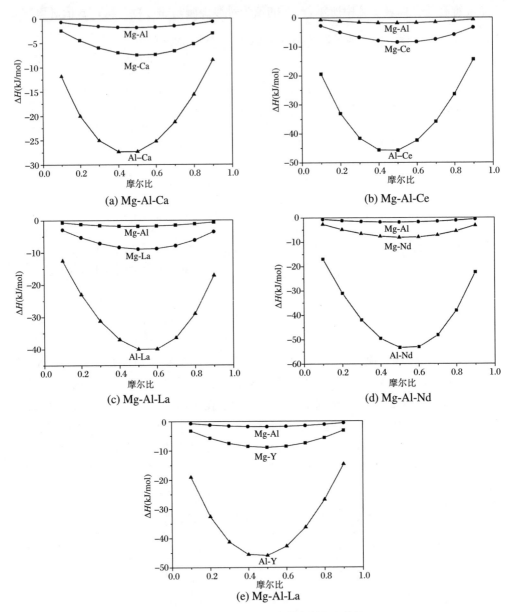

图 2.31　镁合金中二元合金体系的生成焓

2.5.2　Al-X(X＝Ca、Ce、La、Nd、Y)金属间化合物的吉布斯自由能

　　之前已经有大量关于 Al-X(X＝Ca、Ce、La、Nd、Y)金属间化合物的热力学研究[34-36]，但是 Al-X(X＝Ca、Ce、La、Nd、Y)金属间化合物的标准生成焓的值存在很大的差异。因此，有效生成热模型不能有效预测 Al-X(X＝Ca、Ce、La、Nd、Y)

金属间化合物在高温下的稳定性。众所周知,吉布斯自由能是判断一个化学反应能否发生的有利依据。如果吉布斯自由能小于0,则该反应可以进行,然而在有多种可能发生反应体系中,则吉布斯自由能最低的反应最先进行,化合物的热稳定性也越好。

在固态 A-B 的二元体系中,一种金属间化合物生成的吉布斯自由能(G)可以通过下面公式进行计算[36]:

$$G = C_A G_A + C_B G_B + \Delta H_{mix}^S + T \Delta S_{mix}^S \tag{2.3}$$

其中,C_A 和 C_B 分别为 A 和 B 两种元素的摩尔分数。G_A 和 G_B 分别为 A 和 B 的吉布斯自由能。ΔH_{mix}^S 为混合焓的变化值。$\Delta S_{mix}^S (= -R(C_A \ln C_A + C_B \ln C_B))$ 为理想混合焓的变化值,T 为温度。

计算生成焓时,理论值与实验值符合得不好,需要加入其他的附加项对模型进行完善。主要有以下三个原因:第一,金属间化合物中的原子有序度大,而在固溶体中原子则是混乱无序的,所以不同原子晶胞间作为近邻的程度比合金化合物中的小,而形成能与不同类型的晶胞接触面积成比例。因此,总的化学能在固溶体中较小。第二,在金属间化合物中总是取弹性能较小的结构形态,因此,可以不考虑弹性能,但是在固溶体中由于两组原子尺寸的不同导致弹性畸变能存在。第三,在固溶体中,溶质与溶剂的晶体结构一致时,有利于固溶体结构的稳定。混合焓的变化值可以利用半经验公式的 Miedema 模型计算:

$$\Delta H_{mix}^S = \Delta H^C + \Delta H^E + \Delta H^S \tag{2.4}$$

其中,三项分别为化学作用引起的附加项、原子尺寸因素引起的弹性能附加项和晶体结构不同引起的结构能附加项。

化学作用引起的附加项(ΔH^C)可以表达为

$$\Delta H^C = C_A C_B (C_B^S \Delta H_{Sol}^{A\,in\,B} + C_A^S \Delta H_{Sol}^{B\,in\,A}) \tag{2.5}$$

其中,$\Delta H_{Sol}^{A\,in\,B}$ 为 A 在 B 中的溶解焓;C_B^S 为 A 和 B 原子接触的程度。

$$C_B^S = 1 - C_A^S = \frac{C_B V_B^{2/3}}{C_A V_A^{2/3} + C_B V_B^{2/3}} \tag{2.6}$$

$$\Delta H_{Sol}^{A\,in\,B} = \frac{2P V_A^{2/3}}{(n_{ws}^{1/3})_A^{-1} + (n_{ws}^{1/3})_B^{-1}} \cdot \left[-(\phi_A - \phi_B)^2 + \frac{Q}{P}(n_{wsA}^{1/3} - n_{wsB}^{1/3}) \right] \tag{2.7}$$

弹性能附加项(ΔH^E)可以表达为

$$\Delta H^E = C_A C_B (C_B \Delta H_{A\,in\,B}^e + C_A \Delta H_{B\,in\,A}^e) \tag{2.8}$$

其中,$\Delta H_{B\,in\,A}^e$ 为 B 溶解在 A 中产生的热量对弹性部分的贡献。

$$\Delta H_{A\,in\,B}^e = \frac{2 B_A G_B (W_B - W_A)^2}{3 B_A W_B + 4 B_B W_A} \tag{2.9}$$

其中, B 为体积模量, G 为切变模量, W 为合金中的体积。

结构能附加项除 A、B 两种元素都过渡元素外 ΔH^S 不为 $0^{[37]}$, 其余情况都为 0。在 Al-Ca、Al-Ce、Al-Nd、Al-La 和 Al-Y 二元体系中, 因为 Al、Ca 和 Y 为主族元素, Ce、Nd 和 La 为过渡元素, 所以 $\Delta H^S = 0$。

通过公式(2.3)计算得出 Al-Ca、Al-Ce、Al-La、Al-Nd 和 Al-Y 金属间化合物的在 350～400 ℃范围内的吉布斯自由能, 如图 2.32 所示。在 Al-Ca 金属间化合物中, 可以发现, Al$_2$Ca 的吉布斯自由能明显低于 Al$_4$Ca、Al$_{14}$Ca$_{13}$ 和 Al$_3$Ca$_8$ 的吉布

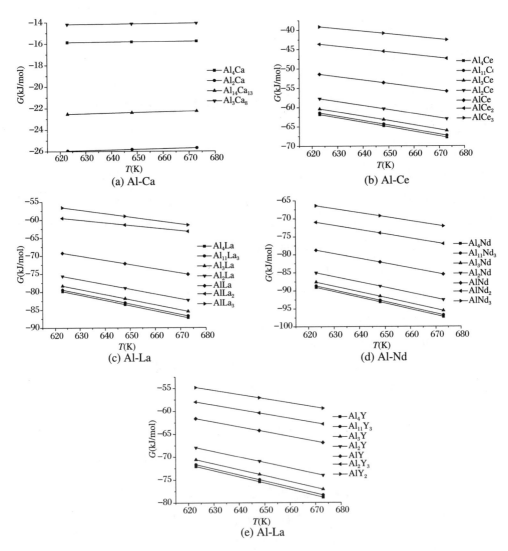

图 2.32　金属间化合物的吉布斯自由能与温度的关系

斯自由能,因此,在该实验温度下 Al_2Ca 比 Al_4Ca、$Al_{14}Ca_{13}$ 和 Al_3Ca_8 稳定。由 Al-Ce 金属间化合物的吉布斯自由能与温度曲线可以发现,Al_4Ce 的吉布斯自由能最低,因此,高温下 Al_4Ce 越容易形成,其高温稳定性越好,然后依次为 $Al_{11}Ce_3$、Al_3Ce、Al_2Ce 和 $AlCe$。Al-La 金属间化合物的吉布斯自由能,Al_4Ce 的吉布斯自由能最低,因此,高温下 Al_4La 越容易形成,其高温稳定性越好,然后高温稳定性依次为 $Al_{11}La_3$、Al_3La、Al_2La 和 $AlLa$。从 Al-Nd 金属间化合物的吉布斯自由能与温度的关系可以看出,吉布斯自由能大小依次为 Al_4Nd、$Al_{11}Nd_3$、Al_3Nd、Al_2Nd、$AlNd$、$AlNd_2$ 和 $AlNd_3$,因此,Al_4Nd 金属间化合物的热稳定性最好,然后依次为 $Al_{11}Nd_3$、Al_3Nd、Al_2Nd、$AlNd$、$AlNd_2$ 和 $AlNd_3$。Al-Y 金属间化合物中 Al_4Y 金属间化合物的吉布斯自由能最低,因此,Al_4Y 金属间化合物最稳定,接下来稳定性依次为 $Al_{11}Y_3$、Al_3Y、Al_2Y、AlY、Al_2Y_3 和 AlY_2。综上所述,Al-X(X = Ca、Ce、La、Nd、Y)金属间化合物的吉布斯自由能随着 Al 元素在金属间化合物中含量的减少而降低。

2.6　扩散层动力学分析

扩散层的厚度与生长动力学有直接关系,扩散过程中的动力学参数可以通过扩散层的平均厚度进行确定。一般来说,在固定温度下扩散一定时间,扩散层厚度与时间可以根据下列关系描述[38]:

$$d = (kt)^n \tag{2.10}$$

其中,d 为扩散层厚度,k 为扩散层的生长常数,t 为扩散时间,n 为指数。如果扩散层的生长由界面反应控制,则 n 值为 1。相反,如果扩散层的生长由扩散控制,则 n 值为 0.5。本实验中的各扩散偶的扩散层 Ⅰ、Ⅱ 和整个扩散层(Ⅰ + Ⅱ)的厚度 d 与 $t^{1/2}$ 呈线性关系,如图 2.33 所示。从图中可以看出,实验数据的直线拟合度为 0.96 以上,且拟合直线通过坐标原点。这说明扩散层符合抛物线生长规律,所以在本实验温度下扩散层的生长是受扩散控制的,且扩散层的孕育时间可以忽略不计。根据图 2.33 中拟合直线的斜率可以计算出扩散层的生长常数 k 的值。

由 Arrhenius 关系可知,$\ln k$ 与 $1/T$ 满足线性关系[39]:

$$\ln k = \ln k_0 - \frac{Q}{RT} \tag{2.11}$$

其中,k_0 为指前因子,Q 为扩散层的扩散激活能,R 为气体常数,T 为扩散温度。

图 2.34 为（Mg-40Al）/［Mg-X（X = 20Ca、20Ce、20La、30Nd、30Y）］扩散偶的
Arrhenius关系。根据等式（2.11）可以计算出扩散层的指前因子和扩散激活能。
表 2.5至表 2.9 为（Mg-40Al）/［Mg-X（X = 20Ca、20Ce、20La、30Nd、30Y）］扩散偶
的扩散层Ⅰ、Ⅱ和整个扩散层的生长常数、指前因子和扩散激活能的计算结果。

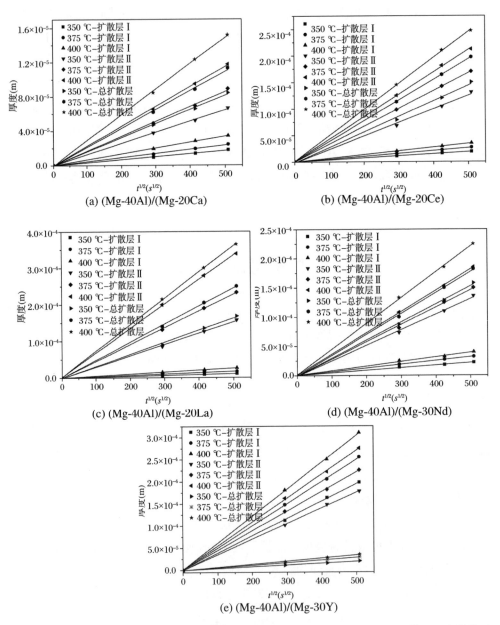

图 2.33　在 350-400 ℃下扩散偶中扩散层Ⅰ、Ⅱ和整个扩散层厚度与扩散时间的开平方的关系

结合图2.33、表2.5至表2.9可以看出,在各扩散偶中扩散层Ⅰ、Ⅱ和整个扩散层的生长常数在相同时间下保温,随着温度的升高而增加;扩散层Ⅰ、Ⅱ和整个扩散层的生长常数在同一温度下保温,随着时间的延长而增加。因为在(Mg-40Al)/[Mg-X(X＝20Ca、20Ce、20La、30Nd、30Y)]扩散偶的扩散反应过程中,温度和时间是扩散层生长的重要因素,这些因素决定原子的扩散,改变其中任何一个条件就会得到不同的扩散层厚度。各扩散偶的扩散层的生长均满足抛物线生长规律,所以扩散层的生长受原子的扩散控制,而温度是影响原子扩散系数的最主要的因素。扩散系数与温度呈指数关系,随着温度的升高,扩散系数急剧增加。这是因为温度越高,原子的振动能越大,而借助能量起伏越过势垒发生迁移的原子概率越大。另外,温度的升高,金属内部的空位浓度增加,这也有利于原子的扩散。保温时间影响着界面处原子的扩散数量,扩散偶保温的时间越长,扩散界面处原子迁移的数量就越多,扩散层的厚度就越厚。在不同温度和不同时间下,各扩散偶的扩散层Ⅰ的生长常数均小于扩散层Ⅱ,扩散层Ⅰ的扩散激活能均大于扩散层Ⅱ。说明原子在扩散层Ⅱ中更容易被激活而发生扩散,另外,可能扩散层Ⅰ中晶体缺陷和空位浓度比扩散层Ⅱ要少,从而不利于原子的扩散。

表 2.5　(Mg-40Al)/(Mg-20Ca)扩散偶扩散层的生长常数、指前因子和扩散激活能

扩散层	$T(℃)$	$k(\text{m}^2/\text{s})$	$k_0(\text{m}^2/\text{s})$	$Q(\text{kJ/mol})$
	350	$1.95(\pm0.28)\times10^{-15}$		
扩散层Ⅰ	375	$2.22(\pm0.47)\times10^{-15}$	$7.95(\pm0.49)\times10^{-8}$	93.45 ± 2.12
	400	$4.55(\pm0.10)\times10^{-15}$		
	350	$1.66(\pm0.37)\times10^{-14}$		
扩散层Ⅱ	375	$2.97(\pm0.14)\times10^{-14}$	$9.72(\pm0.53)\times10^{-8}$	80.74 ± 3.01
	400	$5.29(\pm0.42)\times10^{-14}$		
	350	$2.59(\pm0.81)\times10^{-14}$		
总扩散层	375	$5.28(\pm0.71)\times10^{-14}$	$7.77(\pm0.34)\times10^{-7}$	101.17 ± 1.50
	400	$1.10(\pm0.24)\times10^{-13}$		

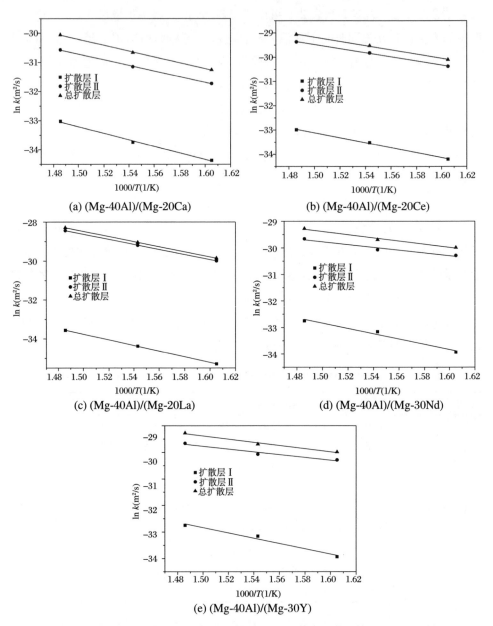

图 2.34　在 350-400 ℃下扩散偶的扩散层 Ⅰ、Ⅱ 和整个扩散层的 Arrhenius 关系

表 2.6　(Mg-40Al)/(Mg-20Ce)扩散偶的扩散层的生长常数、指前因子和扩散激活能

扩散层	$T(\text{℃})$	$k(\text{m}^2/\text{s})$	$k_0(\text{m}^2/\text{s})$	$Q(\text{kJ/mol})$
	350	$1.40(\pm0.14)\times10^{-15}$		
扩散层Ⅰ	375	$2.78(\pm0.35)\times10^{-15}$	$1.76(\pm0.13)\times10^{-8}$	84.56 ± 2.01
	400	$4.71(\pm0.09)\times10^{-15}$		
	350	$6.45(\pm0.17)\times10^{-14}$		
扩散层Ⅱ	375	$1.12(\pm0.41)\times10^{-13}$	$4.90(\pm0.54)\times10^{-8}$	70.09 ± 0.21
	400	$1.76(\pm0.48)\times10^{-13}$		
	350	$7.00(\pm0.51)\times10^{-14}$		
总扩散层	375	$1.39(\pm0.32)\times10^{-13}$	$9.41(\pm0.93)\times10^{-8}$	72.04 ± 0.78
	400	$2.80(\pm0.28)\times10^{-13}$		

表 2.7　(Mg-40Al)/(Mg-20La)扩散偶的扩散层的生长常数、指前因子和扩散激活能

扩散层	$T(\text{℃})$	$k(\text{m}^2/\text{s})$	$k_0(\text{m}^2/\text{s})$	$Q(\text{kJ/mol})$
	350	$4.72(\pm0.19)\times10^{-16}$		
扩散层Ⅰ	375	$1.18(\pm0.65)\times10^{-15}$	$6.21(\pm0.43)\times10^{-6}$	120.66 ± 2.78
	400	$2.66(\pm0.89)\times10^{-15}$		
	350	$9.44(\pm0.77)\times10^{-15}$		
扩散层Ⅱ	375	$2.10(\pm0.91)\times10^{-13}$	$1.06(\pm0.14)\times10^{-4}$	107.95 ± 0.56
	400	$4.44(\pm0.38)\times10^{-13}$		
	350	$5.22(\pm0.24)\times10^{-14}$		
总扩散层	375	$1.10(\pm0.72)\times10^{-13}$	$8.22(\pm0.42)\times10^{-4}$	79.05 ± 0.17
	400	$2.55(\pm0.33)\times10^{-13}$		

表 2.8　(Mg-40Al)/(Mg-30Nd)扩散偶的扩散层的生长常数、指前因子和扩散激活能

扩散层	$T(\text{℃})$	$k(\text{m}^2/\text{s})$	$k_0(\text{m}^2/\text{s})$	$Q(\text{kJ/mol})$
	350	$1.84(\pm0.12)\times10^{-15}$		
扩散层Ⅰ	375	$3.98(\pm0.35)\times10^{-15}$	$1.65(\pm0.61)\times10^{-8}$	82.68 ± 3.67
	400	$5.98(\pm0.42)\times10^{-15}$		
	350	$7.02(\pm0.23)\times10^{-14}$		
扩散层Ⅱ	375	$8.71(\pm0.24)\times10^{-14}$	$2.97(\pm0.57)\times10^{-10}$	43.44 ± 1.48
	400	$1.31(\pm0.45)\times10^{-13}$		
	350	$9.48(\pm0.28)\times10^{-14}$		
总扩散层	375	$1.27(\pm0.15)\times10^{-13}$	$1.32(\pm0.92)\times10^{-9}$	49.58 ± 0.78
	400	$1.93(\pm0.68)\times10^{-13}$		

表 2.9　(Mg-40Al)/(Mg-30Y)扩散偶的扩散层的生长常数、指前因子和扩散激活能

扩散层	$T(℃)$	$k(\mathrm{m^2/s})$	$k_0(\mathrm{m^2/s})$	$Q(\mathrm{kJ/mol})$
	350	$1.49(\pm0.23)\times10^{-13}$		
扩散层 Ⅰ	375	$3.28(\pm0.25)\times10^{-13}$	$8.10(\pm0.91)\times10^{-9}$	79.99 ± 0.32
	400	$4.68(\pm0.34)\times10^{-13}$		
	350	$1.23(\pm0.82)\times10^{-15}$		
扩散层 Ⅱ	375	$1.95(\pm0.74)\times10^{-15}$	$1.19(\pm0.54)\times10^{-8}$	59.43 ± 0.96
	400	$2.89(\pm0.51)\times10^{-15}$		
	350	$1.52(\pm0.17)\times10^{-13}$		
总扩散层	375	$2.48(\pm0.21)\times10^{-13}$	$2.25(\pm0.91)\times10^{-8}$	61.61 ± 0.73
	400	$3.68(\pm0.15)\times10^{-13}$		

2.7　合金元素在扩散层中的扩散系数

在二元和多元体系的等温扩散的研究中为了得到扩散系数,需要计算每一扩散组元的扩散通量。从扩散偶的浓度曲线分布每一组元的扩散系数可以通过公式进行计算。扩散系数的计算在二元和多元体系中主要是基于 Boltzmann-Matano 方法进行分析的。Dayananda[40]已经研究了扩散系数的计算过程。扩散系数的通量可表达为

$$\tilde{J}_i = \frac{1}{2t}\int_{C_i^- \text{ or } C_i^+}^{C_i(x)} (x-x_0)\mathrm{d}C_i \tag{2.12}$$

其中,C_i^- 和 C_i^+ 为合金两端的浓度,$C_i(x)$ 为 i 相中的浓度,t 为扩散退火的时间,x_0 为 Matano 平面。每个扩散层中元素的互扩散系数($\tilde{D}_i^{\text{Int,layer}}$):

$$\tilde{D}_i^{\text{Int,layer}} = \int_{x_1}^{x_2} \tilde{J}_i(x)\mathrm{d}x \tag{2.13}$$

其中,x_1 和 x_2 为中间相的边界位置。$\tilde{D}_i^{\text{Int,layer}}$ 的大小与扩散通量累积对应 Matano 平面的位置有关。

根据 Arrhenius 关系可知

$$\tilde{D}_i^{\text{Int,layer}} = \tilde{D}_i^{\text{Int,layer}}\exp\left(\frac{\tilde{Q}^{\text{Int,layer}}}{RT}\right) \tag{2.14}$$

平均有效扩散系数 $\tilde{D}_i^{\text{eff}}$ 可以表达为[41]

$$\tilde{D}_i^{\text{eff}} = \int_{x_1}^{x_2} \tilde{J}_i(x)\mathrm{d}x\Delta C_i \tag{2.15}$$

其中,ΔC_i 为 i 相的两端浓度差。

根据 Arrhenius 关系可知

$$\widetilde{D}_i^{\text{eff}} = \widetilde{D}_0^{\text{eff}} \exp\left(\frac{\widetilde{Q}^{\text{eff}}}{RT}\right) \tag{2.16}$$

为了定量地研究和比较合金元素在 Mg 中的扩散行为,通过扩散偶的各成分的累积扩散通量计算了互扩散系数。因为这些互扩散系数的计算不要求精确的浓度梯度。图 2.35 至图 2.39 分别为(Mg-40Al)/(Mg-20Ca)、(Mg-40Al)/(Mg-20Ce)、

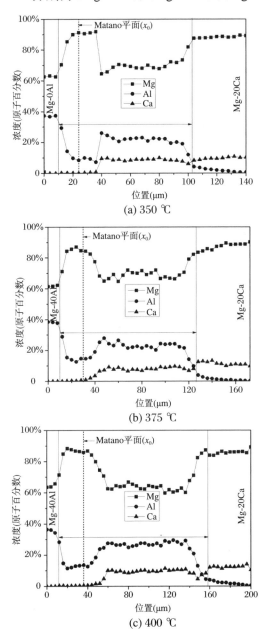

图 2.35 (Mg-40Al)/(Mg-20Ca)扩散偶在实验温度下保温 72 h 的成分轮廓

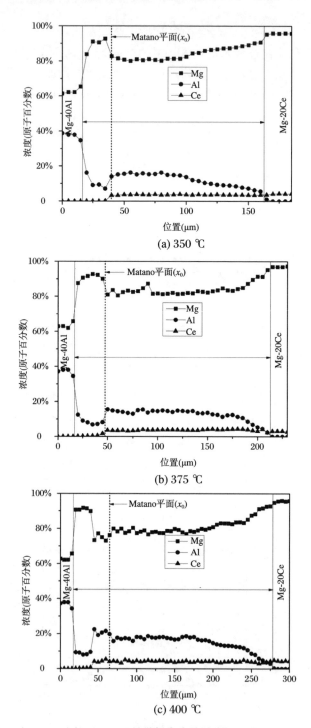

图 2.36　(Mg-40Al)/(Mg-20Ce)扩散偶在实验温度下保温 72 h 的成分轮廓

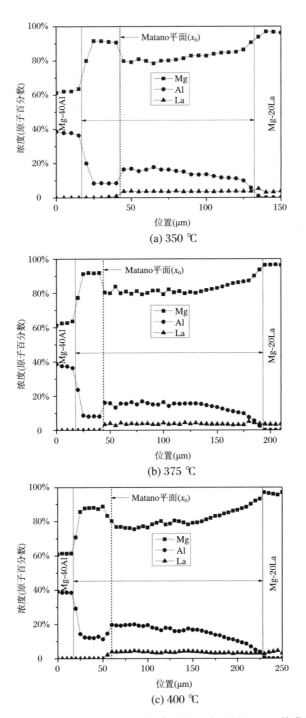

(a) 350 ℃

(b) 375 ℃

(c) 400 ℃

图 2.37　(Mg-40Al)/(Mg-20La)扩散偶在实验温度下保温 72 h 的成分轮廓

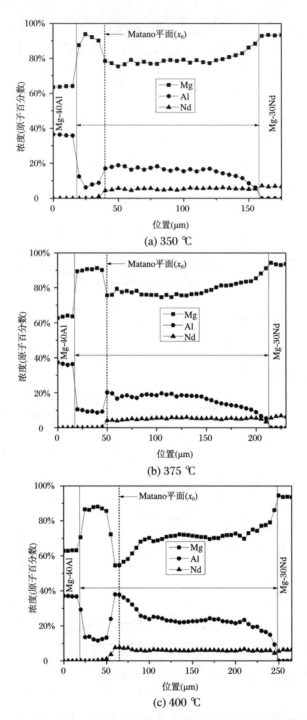

(a) 350 ℃

(b) 375 ℃

(c) 400 ℃

图 2.38　(Mg-40Al)/(Mg-30Nd)扩散偶在实验温度下保温 72 h 的成分轮廓

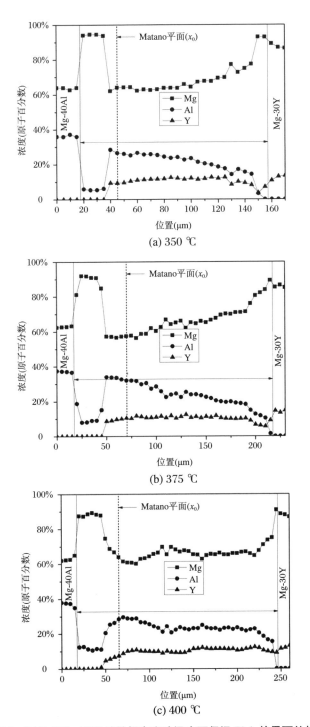

(a) 350 ℃

(b) 375 ℃

(c) 400 ℃

图 2.39 (Mg-40Al)/(Mg-30Y)扩散偶在实验温度下保温 72 h 的界面处的成分轮廓图

(Mg-40Al)/(Mg-20La)、(Mg-40Al)/(Mg-30Nd)和(Mg-40Al)/(Mg-30Y)扩散偶在 350～400 ℃保温 72 h 后 EDS 测得的扩散层的成分轮廓。Mg 在扩散偶的两端为基体成分,因此,对扩散过程中 Mg 的扩散系数不进行研究。从图中可以看出,所有扩散偶在不同的温度下的扩散层中与 Mg-40Al 基体中的 Al 浓度相比都有明显的贫铝层形成,即扩散层 I。同时 Al 元素浓度在扩散层 II 中也有明显的变化,因此,对所有扩散偶中 Al 元素在扩散层 I 和 II 中的互扩散系数进行了研究,另外,除(Mg-40Al)/(Mg-20Ca)和(Mg-40Al)/(Mg-30Y)扩散偶中的 Ca 元素和 Y 元素的浓度在扩散层 II 中发生了明显变化外,在(Mg-40Al)/(Mg-20Ce)、(Mg-40Al)/(Mg-20La)和(Mg-40Al)/(Mg-30Nd)扩散偶中,扩散层 II 中的 Ce、La 和 Nd 元素浓度与 Mg-20Ce、Mg-20La 和 Mg-30Nd 基体的 Ce、La 和 Nd 元素浓度基本保持一致。各扩散偶中 Ca、Ce、La、Nd 和 Y 元素均未越过原始界面向扩散层 I 中扩散。因此,对(Mg-40Al)/(Mg-20Ca)和(Mg-40Al)/(Mg-30Y)扩散偶中的 Ca 元素和 Y 元素在扩散层 II 中的互扩散系数也进行了计算。根据式(2.13)和式(2.15)结合各扩散偶在不同温度下扩散层的成分轮廓,计算了所有扩散偶中 Al 元素以及(Mg-40Al)/(Mg-20Ca)和(Mg-40Al)/(Mg-30Y)扩散偶中的 Ca 元素和 Y 元素在扩散层 II 中的互扩散系数和平均有效扩散系数。由计算得到的各扩散偶中合金元素的在扩散层中的互扩散系数和平均有效扩散系数分别与温度之间的 Arrhenius 关系,可以得到互扩散和平均有效扩散的指前因子和扩散激活能。图 2.40 和图 2.41 分别为(Mg-40Al)/(Mg-20Ca)、(Mg-40Al)/(Mg-20Ce)、(Mg-40Al)/(Mg-20La)、(Mg-40Al)/(Mg-30Nd)和(Mg-40Al)/(Mg-30Y)中合金元素的互扩散系数和平均有效扩散系数分别与温度之间的 Arrhenius 关系。

　　表 2.10 至表 2.14 分别为(Mg-40Al)/[Mg-X(X = 20Ca、20Ce、20La、30Nd、30Y)]扩散偶中合金元素在扩散层中的互扩散系数、指前因子和扩散激活能。从表 2.10 可以看出,在扩散层 II 中,Al 元素的互扩散系数比 Ca 元素高,Al 元素的扩散激活能比 Ca 元素低。因此,在扩散层 II 中 Al 元素扩散的速率比 Ca 元素快,同时扩散扩散过程中 Al 元素比 Ca 元素更容易被激活。从表 2.14 中可以看出,在扩散层 II 中,Al 元素的互扩散系数和扩散激活能均比 Y 元素高,说明 Al 元素扩散的速率比 Y 元素快,但是扩散过程中 Al 元素比 Y 元素更难被激活。

　　表 2.10 至表 2.14 中可以发现在各扩散偶中 Al 元素的互扩散系数的数量级为 10^{-12}～10^{-14} 范围内,与之前报道[42-45]的在温度为 300～400 ℃范围内 Al 元素在 Mg 中的扩散系数数量级基本接近,同时扩散激活的值也在一个数量级内。Al 元素在扩散层 I 中的互扩散系数和扩散激活能均比在扩散层 II 的互扩散系数小,说明 Al 元素在扩散层 I 中扩散速率比在扩散层 II 中的要慢。对各扩散偶中 Al 元素在整个扩散层中的扩散系数进行比较发现:$\tilde{D}_{Nd}^{Int,Total} > \tilde{D}_{Y}^{Int,Total} > \tilde{D}_{Ce}^{Int,Total} > \tilde{D}_{La}^{Int,Total} > \tilde{D}_{Ca}^{Int,Total}$。除(Mg-40Al)/(Mg-20Ca)扩散偶中的扩散激活能偏小外,其他扩散偶中的扩散激活基本接近。

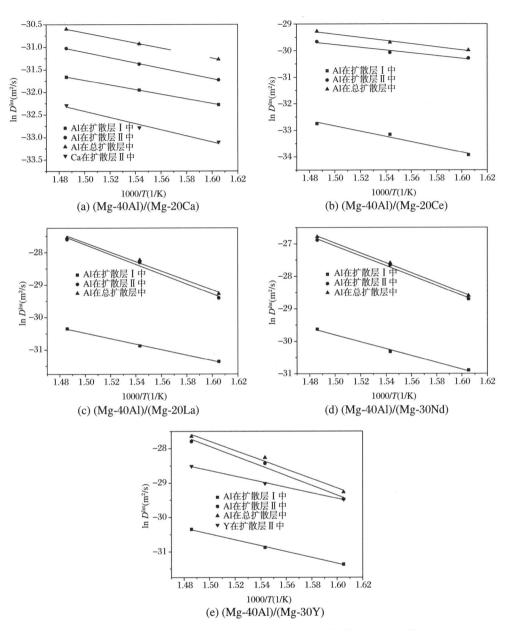

(a) (Mg-40Al)/(Mg-20Ca)

(b) (Mg-40Al)/(Mg-20Ce)

(c) (Mg-40Al)/(Mg-20La)

(d) (Mg-40Al)/(Mg-30Nd)

(e) (Mg-40Al)/(Mg-30Y)

图 2.40　扩散偶中合金元素在扩散层中的互扩散系数的 Arrhenius 关系

表 2.10　(Mg-40Al)/(Mg-20Ca)扩散偶中 Al 元素和 Ca 元素在扩散层 Ⅰ、Ⅱ 和整个扩散层的互扩散系数、指前因子和扩散激活能

i	$T(℃)$	$\widetilde{D}_i^{\text{Int,I}}$ (m^2/s)	$\widetilde{Q}_i^{\text{Int,I}}$ (kJ/mol)	$\widetilde{D}_i^{\text{Int,II}}$ (m^2/s)	$\widetilde{Q}_i^{\text{Int,II}}$ (kJ/mol)	$\widetilde{D}_i^{\text{Int,Total}}$ (m^2/s)	$\widetilde{Q}_i^{\text{Int,Total}}$ (kJ/mol)
	350	0.96×10^{-14}		1.67×10^{-14}		2.63×10^{-14}	
Al	375	1.33×10^{-14}	43.5	2.37×10^{-14}	48.4	3.70×10^{-14}	46.6
	400	1.78×10^{-14}		3.36×10^{-14}		5.14×10^{-14}	
	350			0.42×10^{-14}			
Ca	375			0.58×10^{-14}	56.5		
	400			0.95×10^{-14}			

表 2.11　(Mg-40Al)/(Mg-20Ce)扩散偶中 Al 在扩散层 Ⅰ、Ⅱ 和整个扩散层的扩散系数、指前因子和扩散激活能

扩散层	$T(℃)$	$\widetilde{D}^{\text{Int}}(m^2/s)$	$\widetilde{D}_0^{\text{Int}}(m^2/s)$	$\widetilde{Q}^{\text{Int}}(kJ/mol)$
	350	2.64×10^{-14}		
扩散层 Ⅰ	375	6.05×10^{-14}	1.51×10^{-7}	93.04
	400	8.29×10^{-14}		
	350	1.21×10^{-13}		
扩散层 Ⅱ	375	2.46×10^{-13}	3.73×10^{-7}	84.06
	400	5.49×10^{-13}		
	350	2.04×10^{-13}		
总扩散层	375	3.07×10^{-13}	7.37×10^{-7}	78.51
	400	6.32×10^{-13}		

表 2.12　(Mg-40Al)/(Mg-20La)扩散偶中 Al 在扩散层 Ⅰ、Ⅱ 和整个扩散层的扩散系数、指前因子和扩散激活能

扩散层	$T(℃)$	$\widetilde{D}^{\text{Int}}(\text{m}^2/\text{s})$	$\widetilde{D}^{\text{Int}}(\text{m}^2/\text{s})$	$\widetilde{Q}^{\text{Int}}(\text{kJ/mol})$
扩散层 Ⅰ	350	2.39×10^{-14}	2.06×10^{-8}	70.85
	375	3.90×10^{-14}		
	400	6.61×10^{-14}		
扩散层 Ⅱ	350	1.69×10^{-13}	6.93×10^{-7}	76.3
	375	2.09×10^{-13}		
	400	4.43×10^{-13}		
总扩散层	350	1.93×10^{-13}	7.60×10^{-8}	67.15
	375	2.48×10^{-13}		
	400	5.09×10^{-13}		

表 2.13　(Mg-40Al)/(Mg-30Nd)扩散偶中 Al 在扩散层 Ⅰ、Ⅱ 和整个扩散层的互扩散系数、指前因子和扩散激活能

扩散层	$T(℃)$	$\widetilde{D}^{\text{Int}}(\text{m}^2/\text{s})$	$\widetilde{D}_0^{\text{Int}}(\text{m}^2/\text{s})$	$\widetilde{Q}^{\text{Int}}(\text{kJ/mol})$
扩散层 Ⅰ	350	3.82×10^{-14}	9.40×10^{-7}	88.28
	375	6.80×10^{-14}		
	400	1.36×10^{-13}		
扩散层 Ⅱ	350	3.42×10^{-13}	1.5×10^{-2}	100.85
	375	5.62×10^{-13}		
	400	8.93×10^{-13}		
总扩散层	350	3.78×10^{-13}	1.69×10^{-2}	126.91
	375	6.30×10^{-13}		
	400	1.02×10^{-12}		

表 2.14　(Mg-40Al)/(Mg-30Y)扩散偶中 Al 和 Y 在扩散层 Ⅰ、Ⅱ 和整个扩散层的扩散系数、指前因子和扩散激活能

i	$T(℃)$	$\widetilde{D}_i^{\text{Int, Ⅰ}}$ (m^2/s)	$\widetilde{Q}_i^{\text{Int, Ⅰ}}$ (kJ/mol)	$\widetilde{D}_i^{\text{Int, Ⅰ}}$ (m^2/s)	$\widetilde{Q}_i^{\text{Int, Ⅱ}}$ (kJ/mol)	$\widetilde{D}_i^{\text{Int, Total}}$ (m^2/s)	$\widetilde{Q}_i^{\text{Int, Total}}$ (kJ/mol)
Al	350	3.79×10^{-14}	70.85	1.57×10^{-13}	117.99	1.95×10^{-13}	113.13
	375	8.11×10^{-14}		4.50×10^{-13}		5.31×10^{-13}	
	400	1.33×10^{-13}		8.51×10^{-13}		9.84×10^{-13}	
Y	350			1.03×10^{-13}	67.64		
	375			2.52×10^{-13}			
	400			4.16×10^{-13}			

表 2.15 至表 2.19 分别为(Mg-40Al)/(Mg-X(X = 20Ca、20Ce、20La、30Nd、

30Y))扩散偶中合金元素在扩散层中的平均有效扩散系数、指前因子和扩散激活能。从表 2.15 可以看出,在扩散层 Ⅱ 中,Al 元素的平均有效扩散系数和扩散激活能比 Ca 元素高。因此,在扩散层 Ⅱ 中 Al 元素有效扩散的速率比 Ca 元素快。从表 2.19 中可以看出,在扩散层 Ⅱ 中,Al 元素的平均有效扩散系数比 Y 元素小,Al 元素的扩散激活能比 Y 元素大。

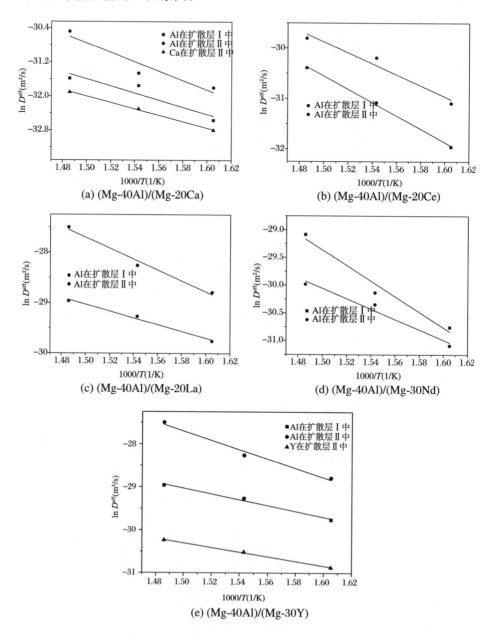

图 2.41　扩散偶中合金元素在扩散层中的平均有效扩散系数的 Arrhenius 关系

从表 2.15 至表 2.19 中可以发现,在(Mg-40Al)/(Mg-20Ca)和(Mg-40Al)/(Mg-20La)扩散偶中,Al 元素在扩散层 Ⅰ 中的平均有效扩散系数和扩散激活能均比在扩散层 Ⅱ 的平均有效扩散系数小,说明 Al 元素在扩散层 Ⅰ 中有效扩散速率比在扩散层 Ⅱ 中的要慢。在(Mg-40Al)/(Mg-30Nd)和(Mg-40Al)/(Mg-30Y)扩散偶中,Al 元素在扩散层 Ⅰ 中的平均有效扩散系数比在扩散层 Ⅱ 的平均有效扩散系数大,在扩散层 Ⅰ 中的平均有效扩散激活能比在扩散层 Ⅱ 的平均有效扩散激活能小。说明 Al 元素在扩散层 Ⅰ 中有效扩散速率比在扩散层 Ⅱ 中的要快,且更加容易发生扩散。

表 2.15　(Mg-40Al)/(Mg-20Ca)扩散偶中 Al 和 Ca 在扩散层 Ⅰ 和 Ⅱ 中的
平均有效扩散系数和扩散激活能

i	$T(℃)$	$\tilde{D}_i^{\mathrm{eff,\,I}}(\mathrm{m^2/s})$	$\tilde{Q}_i^{\mathrm{eff,\,I}}(\mathrm{kJ/mol})$	$\tilde{D}_i^{\mathrm{eff,\,II}}(\mathrm{m^2/s})$	$\tilde{Q}_i^{\mathrm{eff,\,II}}(\mathrm{kJ/mol})$
	350	0.72×10^{-14}		1.55×10^{-14}	
Al	375	1.62×10^{-14}	68.4	2.17×10^{-14}	91.1
	400	1.92×10^{-14}		5.78×10^{-14}	
	350			0.57×10^{-14}	
Ca	375			0.94×10^{-14}	62.6
	400			1.39×10^{-14}	

表 2.16　(Mg-40Al)/(Mg-20Ce)扩散偶中 Al 元素在扩散层 Ⅰ 和 Ⅱ 中的平均有
效扩散系数、指前因子和扩散激活能

扩散层	$T(℃)$	$\tilde{D}^{\mathrm{eff}}(\mathrm{m^2/s})$	$\tilde{D}_0^{\mathrm{eff}}(\mathrm{m^2/s})$	$\tilde{Q}^{\mathrm{eff}}(\mathrm{kJ/mol})$
	350	1.32×10^{-14}		
扩散层 Ⅰ	375	3.18×10^{-14}	1.97×10^{-5}	109.32
	400	6.32×10^{-14}		
	350	3.14×10^{-14}		
扩散层 Ⅱ	375	7.71×10^{-14}	1.26×10^{-3}	90.31
	400	1.14×10^{-13}		

表 2.17　(Mg-40Al)/(Mg-20La)扩散偶中 Al 元素在扩散层 Ⅰ 和 Ⅱ 中的
平均有效扩散系数、指前因子和扩散激活能

扩散层	$T(\mathrm{^\circ C})$	$\widetilde{D}^{\mathrm{eff}}(\mathrm{m^2/s})$	$\widetilde{D}_0^{\mathrm{eff}}(\mathrm{m^2/s})$	$\widetilde{Q}^{\mathrm{eff}}(\mathrm{kJ/mol})$
扩散层 Ⅰ	350	1.19×10^{-13}		
	375	1.95×10^{-13}	5.71×10^{-9}	55.69
	400	2.64×10^{-13}		
扩散层 Ⅱ	350	3.14×10^{-13}		
	375	5.33×10^{-13}	9.85×10^{-6}	89.64
	400	7.44×10^{-13}		

表 2.18　(Mg-40Al)/(Mg-30Nd)扩散偶中 Al 元素在扩散层 Ⅰ 和 Ⅱ 中的
平均有效扩散系数、指前因子和扩散激活能

扩散层	$T(\mathrm{^\circ C})$	$\widetilde{D}^{\mathrm{eff}}(\mathrm{m^2/s})$	$\widetilde{D}_0^{\mathrm{eff}}(\mathrm{m^2/s})$	$\widetilde{Q}^{\mathrm{eff}}(\mathrm{kJ/mol})$
扩散层 Ⅰ	350	4.39×10^{-14}		
	375	8.19×10^{-14}	2.27×10^{-4}	116.26
	400	2.34×10^{-13}		
扩散层 Ⅱ	350	3.15×10^{-14}		
	375	6.61×10^{-14}	1.02×10^{-7}	77.40
	400	9.53×10^{-14}		

表 2.19　(Mg-40Al)/(Mg-30Y)扩散偶中 Al 元素和 Y 元素在扩散层 Ⅰ
和 Ⅱ 中的平均有效扩散系数和扩散激活能

i	$T(\mathrm{^\circ C})$	$\widetilde{D}_i^{\mathrm{eff,\,I}}(\mathrm{m^2/s})$	$\widetilde{Q}_i^{\mathrm{eff,\,I}}(\mathrm{kJ/mol})$	$\widetilde{D}_i^{\mathrm{eff,\,II}}(\mathrm{m^2/s})$	$\widetilde{Q}_i^{\mathrm{eff,\,II}}(\mathrm{kJ/mol})$
Al	350	4.80×10^{-14}		1.11×10^{-14}	
	375	7.18×10^{-14}	57.07	3.21×10^{-14}	69.13
	400	1.09×10^{-13}		6.53×10^{-14}	
Y	350			3.90×10^{-14}	
	375			5.56×10^{-14}	44.20
	400			7.35×10^{-14}	

本 章 小 结

　　本章利用固/固扩散偶方法研究了 Mg-40Al 与 Mg-X(X = 20Ca、20Ce、20La、30Nd、30Y)固态中间合金组成的扩散偶在 350～400 ℃范围内扩散层的微观组织、浓度分布、扩散路径、扩散界面的金属间化合物热力学、扩散层的生长动力学以及合金元素在扩散层的扩散系数,得到了以下的主要结果:

　　(1) 在(Mg-40Al)/[Mg-X(X = 20Ca、20Ce、20La、30Nd、30Y)]固/固扩散偶中,界面处有明显的扩散层生成,且分成两层,靠近 Mg-40Al 基体的扩散层为贫铝层,靠近 Mg-X(X = 20Ca、20Ce、20La、30Nd、30Y)基体的扩散层为金属间化合物层。在扩散过程中,Al 为主要的扩散元素。Al 越过原始界面扩散到 Mg-X(X = 20Ca、20Ce、20La、30Nd、30Y)基体分别生成了 Al-Ca、Al-Ce、Al-La、Al-Nd 和 Al-Y 的金属间化合物,而 Ca、Ce、La、Nd 和 Y 均未发现越过原始界面向 Mg-40Al 基体扩散。

　　(2) 利用 Miedema 模型计算了 Mg-Al-X(X = Ca、Ce、La、Nd、Y)三元体系中二元金属间化合物的生成焓,结果表明在上述三元体系中优先生成的二元金属间化合物分别为 Al-Ca、Al-Ce、Al-La、Al-Nd 和 Al-Y。然后,计算了 Al-Ca、Al-Ce、Al-La、Al-Nd 和 Al-Y 金属间化合物的吉布斯自由能,确定了金属间化合物的稳定性。Miedema 模型和吉布斯自由能的计算结果与微观组织、XRD 分析和 EDS 的实验结果基本一致。

　　(3) 在(Mg-40Al)/[Mg-X(X = 20Ca、20Ce、20La、30Nd、30Y)]固/固扩散偶中,扩散层厚度与时间符合抛物线生长规律,扩散层的生长主要是由扩散控制的,扩散层 Ⅰ 的生长常数低于扩散层 Ⅱ,扩散层 Ⅰ 的扩散激活能高于扩散层 Ⅱ。扩散层的生长常数随着温度的升高而增加。各扩散偶的扩散层厚度规律为 $d_Y > d_{Nd} > d_{Ce} > d_{La} > d_{Ca}$,Al 元素在各扩散偶中的整个扩散层中的扩散系数为 $D_{Nd}^{Int, Total} > D_Y^{Int, Total} > D_{Ce}^{Int, Total} > D_{La}^{Int, Total} > D_{Ca}^{Int, Total}$。

参 考 文 献

[1]　Zhu T, Fu P, Peng L, et al. Effects of Mn addition on the microstructure and mechanical properties of cast Mg-9Al-2Sn(wt. %) alloy[J]. Journal of Magnesium and Alloys, 2014, 2(1): 27-35.

[2]　Bai J, Sun Y, Xue F, et al. Effect of Al contents on microstructures, tensile and creep properties of Mg-Al-Sr-Ca alloy[J]. Journal of Alloys and Compounds, 2007, 437(1): 247-253.

[3] Das SK，Kim Y M，Ha T K，et al. Anisotropic diffusion behavior of Al in Mg：couple study using Mg single crystal[J]. Metallurgical and Materials Transactions A，2013，44 (6)：2539-2547.

[4] Brennan S，Bermudez K，Kulkarni N S，et al. Interdiffusion in the Mg-Al system and intrinsic diffusion in β-$Mg_2 Al_3$ [J]. Metallurgical and Materials Transactions A，2012，43(11)，4043-4052.

[5] Mostafa A，Medraj M. On the atomic interdiffusion in Mg-{Ce，Nd，Zn} and Zn-{Ce，Nd} binary systems[J]. Journal of Materials Research，2014，29(13)：1463-1479.

[6] Xu Y，Chumbley L S，Weigelt G A，et al. Analysis of interdiffusion of Dy，Nd，and Pr in Mg[J]. Journal of Materials Research，2001，16(16)：3287-3292.

[7] Paliwal M，Das S K，Kim J，et al. Diffusion of Nd in hcp Mg and interdiffusion coefficients in Mg-Nd system[J]. Scripta Materialia，2015，108：11-14.

[8] Okamoto H. Al-Mg (Aluminum-Magnesium)[J]. Journal of Phase Equilibria and Diffusion，1998，19(6)：598-598.

[9] Okamoto H. Ca-Mg (Calcium-Magnesium)[J]. Journal of Phase Equilibria and Diffusion，1998，19(5)：490.

[10] Nayeb-Hashemi A A，Clark J B. The Ce-Mg (Cerium-Magnesium) system[J]. Journal of Phase Equilibria and Diffusion，1988，9(2)：162-172.

[11] Okamoto H. La-Mg (Lanthanum-Magnesium)[J]. Journal of Phase Equilibria and Diffusion，2013，34(27)：550-550.

[12] Okamoto H. Mg-Nd (Magnesium-Neodymium)[J]. Journal of Phase Equilibria and Diffusion，1991，12(2)：249-250.

[13] Predel B. Mg-Y (Magnesium-Yttrium)[J]. Journal of Phase Equilibria and Diffusion，1992，31(2)：199-199.

[14] Ozturk K，Zhong Y，Liu Z K，et al. Creep resistant Mg-Al-Ca alloys：computational thermodynamics and experimental investigation[J]. JOM，2003，55(11)：40-44.

[15] Han L，Hu H，Northwood D O. Effect of Ca additions on microstructure and microhardness of an as-cast Mg-5.0 wt.% Al alloy[J]. Materials Letters，2008，62(3)：381-384.

[16] Janz A，Gröbner J，Cao H，et al. Thermodynamic modeling of the Mg-Al-Ca system[J]. Acta Materialia，2009，57(3)：682-694.

[17] Jiang Z T，Jiang B，Xiao Y，et al. Effects of Al content on microstructure of as-cast Mg-3.5Ca alloy[J]. Material Research Innovations，2014，18：137-141.

[18] Wang J，Wang L，An J，et al. Microstructure and elevated temperature properties of die-cast AZ91-xNd magnesium alloys[J]. Journal of Materials Engineering and Performance，2008，17(5)：725-729.

[19] Onishi T，Iwamura E，Takagi K，et al. Effects of Nd content in Al thin films on hillock formation[J]. Journal of Vacuum Science and Technology A，1997，15(4)：2339-2348.

[20] Li C，She J，Pang M，et al. Phase equilibria in the Al-Zr-Nd system at 773K[J]. Journal of Phase Equilibria and Diffusion，2011，32(1)：24-29.

[21] Bettles C，Moss M，Lapovok R. A Mg-Al-Nd alloy produced via a powder metallurgical route[J]. Materials Science and Engineering：A，2009，515(1)：26-31.

[22] Zhang J, Wang J, Qiu X, et al. Effect of Nd on the microstructure, mechanical properties and corrosion behavior of die-cast Mg-4Al-based alloy[J]. Journal of Alloys and Compounds, 2008, 464(1): 556-564.

[23] Raghavan V. Al-Ca-Mg (Aluminum-Calcium-Magnesium)[J]. Journal of Phase Equilibria and Diffusion, 2011, 32(1): 52-53.

[24] Raghavan V. Al-Ce-Mg (Aluminum-Cerium-Magnesium)[J]. Journal of Phase Equilibria and Diffusion, 2007, 28(5): 453-455.

[25] Raghavan V. Al-La-Mg (Aluminum-Lanthanum-Magnesium)[J]. Journal of Phase Equilibria and Diffusion, 2008, 29(3): 270-271.

[26] Raghavan V. Al-Mg-Nd (Aluminum-Magnesium-Neodymium)[J]. Journal of Phase Equilibria and Diffusion, 2008, 29(3): 272-274.

[27] Raghavan V. Al-Mg-Y (Aluminum-Magnesium-Yttrium)[J]. Journal of Phase Equilibria and Diffusion, 2007, 28(5): 477-479.

[28] Miedema A, De Chatel P, De Boer F. Cohesion in alloys-fundamentals of a semi-empirical model[J]. Physica B+c, 1980, 100(1): 1-28.

[29] Miedema A, De Boer F, Boom R. Model predictions for the enthalpy of formation of transition metal alloys[J]. Calphad, 1977, 1(4): 341-359.

[30] Miedema A, De Boer F, Boom R. Predicting heat effects in alloys[J]. Physica B+c, 1981, 103(1), 67-81.

[31] Miedema A, De Boer F, De Chatel P. Empirical description of the role of electronegativity in alloy formation[J]. Journal of Physics F: metal Physics, 1973, 3(8): 1558.

[32] De Boer F R, Mattens W, Boom R, et al. Cohesion in metals: transition metal alloys [M]. Amsterdam: Elsevier Science Publishers, 1989.

[33] Kang Y B, Pelton A D, Chartrand P, et al. Critical evaluation and thermodynamic optimization of the Al-Ce, Al-Y, Al-Sc and Mg-Sc binary systems[J]. Calphad-Computer Coupling of Phase Diagrams and Thermochemistry, 2008, 32(2): 413-422.

[34] Borzone G, Cacciamani G, Ferro R. Heats of formation of aluminum-cerium intermetallic compounds[J]. Metallurgical Transactions A, 1991, 22(9): 2119-2123.

[35] Cacciamani G, Ferro R. Thermodynamic modeling of some aluminium-rare earth binary systems: Al-La, Al-Ce and Al-Nd[J]. Calphad, 2001, 25(4): 583-597.

[36] Guo Y, Liu G, Jin H, et al. Intermetallic phase formation in diffusion-bonded Cu/Al laminates[J]. Journal of Materials Science, 2010, 46(8): 2467-2473.

[37] Bakker H, Zhou G, Yang H. Mechanically driven disorder and phase transformations in alloys[J]. Progress in Materials Science, 1995, 39(3): 159-241.

[38] Wagner C. The evaluation of data obtained with phases of binary single-phase and multi phase systems[J]. Acta Metallurgica, 1969, 17(2): 99-107.

[39] Arrhenius S. Chemical reaction velocities "to the theory of the chemical reaction rate. machine translation"[J]. Zeitschrift für physikalische Chemie, 1899, 28: 317-335.

[40] Dayananda M A. An analysis of concentration profiles for fluxes, diffusion depths, and zero-flux planes in multicomponent diffusion[J]. Metallurgical and Materials Transactions A, 1983, 14(9): 1851-1858.

[41] Dayananda M A. Average effective interdiffusion coefficients and the Matano plane composition[J]. Metallurgical and Materials Transactions A, 1996, 27(9): 2504-2509.

[42] Das S K, Kim Y M, Ha T K, et al. Anisotropic diffusion behavior of Al in Mg: phase study using Mg single crystal[J]. Metallurgical and Materials Transactions A, 2013, 44 (6): 2539-2547.

[43] Brennan S, Warren A P, Coffey K R, et al. Aluminum impurity diffusion in magnesium [J]. Journal of Phase Equilibria and Diffusion, 2012, 33(2): 121-125.

[44] Kammerer C C, Kulkarni N S, Warmack R J, et al. Interdiffusion and impurity diffusion in polycrystalline Mg solid solution with Al or Zn[J]. Journal of Alloys and Compounds, 2014, 617: 968-974.

[45] Ganeshan S, Hector L G, Liu Z K. First-principles calculations of impurity diffusion coefficients in dilute Mg alloys using the 8-frequency model[J]. Acta Materialia, 2011, 59 (8): 3214-3228.

第 3 章　Mg-40Al 与典型合金元素 在固/液扩散偶中的扩散行为

在 Mg-40Al 与 Mg-X（X = 20Ca、20Ce、20La、30Nd、30Y）在固态扩散过程中界面容易氧化，从而不利于界面的结合，阻碍扩散的进行，这样大大降低了试样制备的成功率；另外固态扩散由于温度在固相线以下进行，故需要较长的扩散时间才能形成理想的扩散，同时固态扩散只能进行固相线以下的温度相形成的研究。固/液扩散的方式可以减少扩散界面的氧化的问题，而且形成明显扩散层需要的时间远小于固态扩散所需要的时间。固/液扩散同时也可以研究固态温度以上的合金元素扩散行为和金属间化合物的形成，可以进一步地了解合金元素在熔体与固态之间的相互反应的过程。

由于 Mg-40Al 中间合金的熔点低于 Mg-X（X = 20Ca、20Ce、20La、30Nd、30Y）中间合金的熔点，于是制备（Mg-40Al）/［Mg-X（X = 20Ca、20Ce、20La、30Nd、30Y）］固/液扩散偶研究固/液界面的金属间化合物的形成、扩散层的动力学和合金元素在扩散层中的扩散系数。

3.1　固/液扩散偶的制备

实验材料为 Mg-40%Al（Mg-40Al）、Mg-20%Ca（Mg-20Ca）、Mg-20%Ce（Mg-20Ce）、Mg-20%La（Mg-20La）、Mg-30%Nd（Mg-30Nd）和 Mg-30%Y（Mg-30Y）（质量百分数）镁中间合金。

本实验采用固/液扩散偶的方法研究 Mg-40Al 熔体与 Mg-X（X = 20Ca、20Ce、20La、30Nd、30Y）固态镁中间合金的扩散行为。根据相图[1-6]可知 Mg-40Al 镁中间合金的熔点为 460 ℃左右，而 Mg-X（X = 20Ca、20Ce、20La、30Nd、30Y）镁中间合金的熔点都远高于 460 ℃。表 3.1 为 Mg-40Al/［Mg-X（X = 20Ca、20Ce、20La、30Nd、30Y）］固/液扩散偶的扩散温度和保温时间。先将 Mg-X（X = 20Ca、20Ce、20La、30Nd、30Y）镁中间合金切成 3 mm×3 mm×10 mm 的长条，然后，用 200 粒度的砂纸将长条的中间合金表面磨光，去除表面的氧化膜。在电阻炉中利用不锈钢坩埚将 Mg-40Al 中间合金在实验温度下熔化,然后将磨光的长条中间合金迅速插入到 Mg-40Al 熔体中,形成固/液扩散偶,在实验温度下保温一定时间,退火结束后立刻将装有扩散偶的坩埚连同试样一起放入水中淬火。扩散偶的制备过程如图 3.1 所示。将淬火后的扩散偶试样,沿扩散层的厚度方向的横截面先进行预磨,然后用 400~1000 粒度的砂纸水磨,得到金相试样。将制备好的金相试样在 SEM 下进行组织观察和 EDS 成分分析。XRD 试样的制备与第 2 章中固态扩散偶 XRD 试样的制备相同。

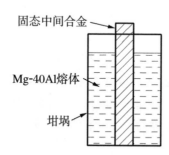

固态中间合金

Mg-40Al 熔体

坩埚

图 3.1　固/液扩散偶制备示意图

表 3.1　(Mg-40Al)/(Mg-X(X=20Ca、20Ce、20La、30Nd、30Y))固/液扩散偶的保温温度和保温时间

扩散偶	475 ℃	500 ℃	525 ℃
(Mg-40Al)/(Mg-20Ca)			
(Mg-40Al)/(Mg-20Ce)			
(Mg-40Al)/(Mg-20La)	5 min, 10 min, 15 min, 20 min	5 min, 10 min, 15 min, 20 min	5 min, 10 min, 15 min, 20 min
(Mg-40Al)/(Mg-30Nd)			
(Mg-40Al)/(Mg-30Y)			

3.2　扩散层微观组织和金属间化合物组成

3.2.1　扩散层微观组织

图 3.2(a)～(e)分别为(Mg-40Al)/[Mg-X(X=20Ca、20Ce、20La、30Nd、30Y)]扩散偶在 525 ℃ 保温 10 min 的 BSE 照片,可以明显看出在各扩散偶的两基体之间都有明显扩散层生成,在扩散层中有大量细小弥散分布的金属间化合物形成。在 Mg-40Al 基体与扩散层的界面处可以明显地看到原始界面,这是由于镁合

金容易氧化,导致了在扩散偶形成的过程中在界面处形成了氧化膜,但是镁合金的氧化膜不致密,同时由于 Mg-40Al 为熔体,故表面的活性较高。因此,界面氧化膜的存在并没有阻碍扩散反应的进行,在实验淬火之后在界面处可以看到明显的界线,扩散层分别位于 Mg-X(X = 20Ca、20Ce、20La、30Nd、30Y)基体。与第 2 章中的固态扩散偶相比,固/液扩散偶中扩散层组织较均匀,没有明显的分层现象。同时,525 ℃保温 10 min 各扩散偶的界面处扩散层的厚度明显比 400 ℃保温 72 h 的扩散层要厚。说明与时间相比温度是影响扩散的最主要因素,由于温度越高,原子的振动能越大,由能量起伏而越过势垒进行扩散迁移的原子概率越大,此外,温度越高,金属内部的空位浓度升高,这也有利于扩散的进行。当 Mg-X(X = 20Ca、20Ce、20La、30Nd、30Y)固态中间合金插入 Mg-40Al 熔体时,固态中间合金将迅速被 Mg-40Al 熔体包围,由于 Al 在镁中的固溶度大于 Ca、Ce、La、Nd 和 Y 在 Mg 中的固溶度,且 Al 在镁熔体中的扩散速度远大于 Ca、Ce、La、Nd 和 Y 在中间合金中的扩散速度,于是大量的 Al 原子溶入固态中间合金中,然后继续向固态中间合金中扩散,Al 原子不断地溶入和扩散导致了扩散层的迅速增加,由于原子的迅速扩散,使得扩散层的组织也比较均匀。

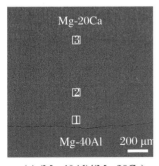
(a) (Mg-40Al)/(Mg-20Ca)

(b) (Mg-40Al)/(Mg-20Ce)

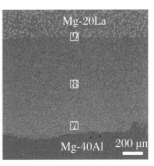
(c) (Mg-40Al)/(Mg-20La)

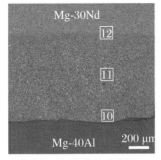
(d) (Mg-40Al)/(Mg-30Nd)

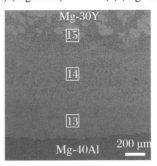
(e) (Mg-40Al)/(Mg-30Y)

图 3.2　扩散偶在 525 ℃下保温 10 min 扩散层的 BSE 照片

3.2.2　扩散层的 XRD 分析

从图 3.2 中可以看出,各扩散偶的扩散层中有大量的弥散细小的金属间化合物生成,为了进一步确定金属间化合物的种类,于是利用 XRD 对(Mg-40Al)/(Mg-20Ca)、(Mg-40Al)/(Mg-20Ce)、(Mg-40Al)/(Mg-20La)、(Mg-40Al)/(Mg-30Nd)和(Mg-40Al)/(Mg-30Y)在 525 ℃下保温 10 min 扩散层中的物相进行定性分析。

图 3.3 为扩散层物相的 XRD 分析结果,从图中可以看出,(Mg-40Al)/(Mg-20Ca)扩散偶的扩散层中的金属间化合物有 Al_2Ca、Mg_2Ca 和 $Mg_{17}Al_{12}$ 三种相存

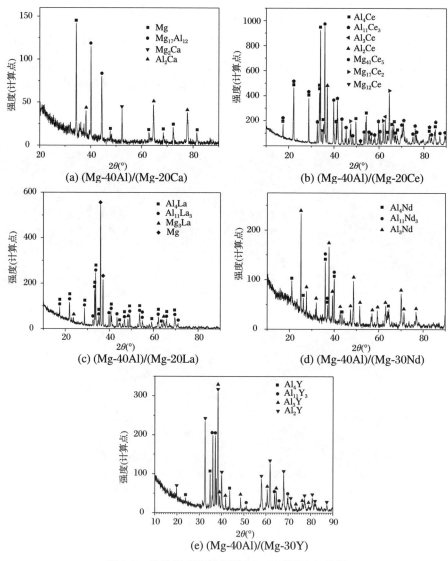

图 3.3　扩散偶 525 ℃保温 10 min 的 XRD 分析

在。可以判断 Al_2Ca 为扩散的过程中 Al 与 Ca 反应生成，Mg_2Ca 和 $Mg_{17}Al_{12}$ 可能是扩散层中存在的相，也可能是基体中存在的相。(Mg-40Al)/(Mg-20Ce)扩散偶的扩散层中的金属间化合物主要由 Al_4Ce、$Al_{11}Ce_3$、Al_3Ce、Al_2Ce 以及 $Mg_{41}Ce_5$、$Mg_{17}Ce_2$ 和 $Mg_{12}Ce$ 组成，可以确定在扩散层中有 Al_4Ce、$Al_{11}Ce_3$、Al_3Ce 和 Al_2Ce 金属间化合物生成，对于 XRD 结果中的 $Mg_{41}Ce_5$、$Mg_{17}Ce_2$ 和 $Mg_{12}Ce$ 可能存在于 Mg-20Ce 基体中。(Mg-40Al)/(Mg-20La)扩散偶的扩散层中的金属间化合物主要由 Al_4La、$Al_{11}La_3$ 和 Mg_3La 组成，由此可知，在扩散层中有 Al_4La 和 $Al_{11}La_3$ 金属间化合物生成，对于 XRD 结果中的 Mg_3La 可能存在于 Mg-20La 基体中。(Mg-40Al)/(Mg-30Nd)扩散偶的扩散层中的金属间化合物主要由 Al_4Nd、$Al_{11}Nd_3$ 和 Al_3Nd 组成。(Mg-40Al)/(Mg-30Y)扩散偶的扩散层中的金属间化合物主要为 Al_4Y、$Al_{11}Y_3$、Al_3Y 和 Al_2Y。综上所述，各扩散偶反应层中的金属间化合物的种类通过 XRD 已初步确定，要确定扩散层中的金属间化合物的形貌和分布需要对扩散层的组织进行更加细致的分析。

3.3.3　扩散层微观组织的 EDS 分析

图 3.4 为图 3.2(a)中区域 1、2 和 3 的放大图，区域 1 为靠近 Mg-40Al 基体附近的扩散层，在该区域中有大量的块状的金属间化合物生成；区域 2 为扩散层的中间部分，可以看到大量块状和棒状的金属间化合物生成，且均匀分布；区域 3 为靠近 Mg-20Ca 基体附近的扩散层，出现大量团聚的细小的第二相。对 1～3 区域中的 A～D 不同位置进行 EDS 分析，结果如表 3.3 所示。

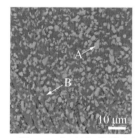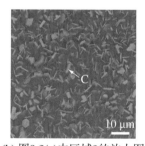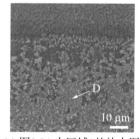

(a) 图3.2(a)中区域1的放大图　　(b) 图3.2(a)中区域2的放大图　　(c) 图3.2(a中区域3的放大图

图 3.4　图 3.2(a)中区域的放大图

由 EDS 可以推断 A、C 和 D 为 Al_2Ca 金属间化合物，B 为 Mg-40Al 基体。然而，XRD 结果中的 Mg_2Ca 和 $Mg_{17}Al_{12}$ 两种相在扩散层中没有发现，这两种相可能是 XRD 试样制备过程中检测的表面存在 Mg-40Al 和 Mg-20Ca 基体，从而导致了 XRD 结果中出现了 Mg_2Ca 和 $Mg_{17}Al_{12}$ 两种相。因此，扩散层中的金属间化合物主要为 Al_2Ca。

表 3.3　图 3.4 中不同位置的 EDS 分析结果(原子百分数)

点	Mg	Al	Ca	Al/Ca 比
A	17.53%	61.79%	20.68%	2.98
B	59.99%	40.01%	—	—
C	23.16%	57.69%	19.15%	3.01
D	27.99%	54.71%	17.30%	3.16

　　图 3.5(a)~(c)分别为图 3.2(b)中的区域 4~6 的放大图。在区域 4 中,可以看到有大量的弥散分布的颗粒状金属间化合物和形状清晰的大块状金属间化合物生成,从表 3.4 的 EDS 结果可以看出大块状的金属间化合物为 Al_4Ce。图 3.5(b)为扩散层的中部,可以看出扩散层中大量的弥散的颗粒状金属间化合物在网状的 Mg-Al 上析出,颗粒状的金属间化合物为 $Al_{11}Ce_3$ 和 Al_3Ce。图 3.5(c)为靠近 Mg-20Ce 基体的扩散层,可以看出扩散层中大量的弥散的颗粒状金属间化合物在网状的 Mg-Al 上析出,但是网状的 Mg-Al 与扩散层中部相比含量明显变少,从 EDS 结果可以看出颗粒状的金属间化合物为 Al_2Ce。如表 3.4 所示,从以上结果可以看出,可能是扩散过程中元素的梯度分布造成了金属间化合物的种类、形貌和分布的不同。

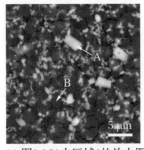
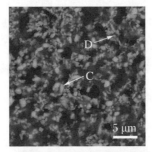
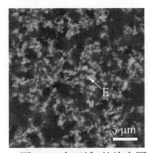

(a) 图3.2(b)中区域4的放大图　　(b) 图3.2(b)中区域5的放大图　　(c) 图3.2(b)中区域6的放大图

图 3.5　图 3.2(b)中区域的放大图

表 3.4　图 3.5 中不同位置的 EDS 分析结果(原子百分数)

点	Mg	Al	Ce	Al/Ce 比	相组成
A	23.45%	60.99%	15.56%	3.92	Al_4Ce
B	60.18%	39.82%	—	—	—
C	34.23%	50.88%	14.89%	3.41	$Al_{11}Ce_3$
D	34.73%	48.88%	16.39%	2.98	Al_3Ce
E	61.30%	25.47%	13.23%	1.92	Al_2Ce

图 3.6(a)～(c)分别为图 3.2(c)中的区域 7～9 的放大图。图 3.6(a)为靠近 Mg-40Al 基体的扩散层,可以看出扩散层中有大量的弥散分布的颗粒状金属间化合物和形状清晰的大块状金属间化合物生成,从表 3.5 的 EDS 结果可以看出,A 点对应的大块状的金属间化合物可能为 Al_4La。图 3.6(b)为扩散层的中部,可以看出扩散层中大量的弥散的颗粒状金属间化合物在网状的 Mg-Al 上析出,颗粒状的金属间化合物为 $Al_{11}La_3$。图 3.6(c)为靠近 Mg-20La 基体的扩散层,可以看出扩散层中同样大量的弥散的颗粒状金属间化合物在网状的 Mg-Al 上析出,但是网状的 Mg-Al 与扩散层中部相比含量明显变少,从 EDS 结果可以看出颗粒状的金属间化合物为 Al_3La。如表 3.5 所示,从以上结果可以看出可能是扩散过程中元素的梯度分布造成了金属间化合物的种类和分布的不一致。

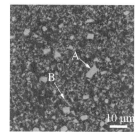
(a) 图3.2(c)中区域7的放大图

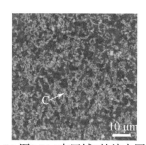
(b) 图3.2(c)中区域8的放大图

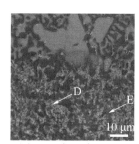
(c) 图3.2(c)中区域9的放大图

图 3.6　图 3.2(c)中区域的放大图

表 3.5　图 3.6 中扩散层中不同位置的 EDS 分析结果(原子百分数)

点	Mg	Al	La
A	10.71%	70.03%	19.26%
B	53.35%	41.26%	5.50%
C	61.83%	33.82%	4.36%
D	71.85%	24.70%	3.45%
E	69.51%	29.83%	0.66%

图 3.7(a)～(c)分别为图 3.2(d)中的区域 10～12 的放大图。在靠近Mg-40Al 基体的扩散层中(图 3.7(a)),存在大量的弥散分布的颗粒状和粗大的块状金属间化合物生成,颗粒状的金属间化合物的数量较多,粗大的块状金属间化合物的数量较少,从表 3.6 的 EDS 结果可以看出 A 点的块状大块状的金属间化合物为 Al_4Nd。在扩散层的中部(图 3.7(b)),存在大量的弥散的块状的金属间化合物,C 点的块状金属间化合物为 $Al_{11}Nd_3$。在靠近 Mg-30Nd 基体的扩散层(图 3.7(c)),

同样存在弥散的颗粒状金属间化合物,但是数量与扩散层靠近 Mg-40Al 基体的部分以及中部相比明显减少,从 EDS 结果可以看出,F 点颗粒状的金属间化合物为 Al_3Nd。如表 3.6 所示。

 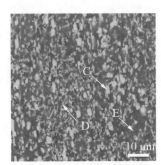 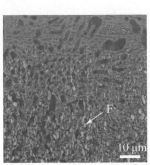

(a) 图3.2(d)中区域10的放大图　　　(b) 图3.2(d)中区域11的放大图　　　(c) 图3.2(d)中区域12的放大图

图 3.7　图 3.2(d)中区域的放大图

表 3.6　图 3.7 中扩散层中不同位置的 EDS 分析结果(原子百分数)

点	Mg	Al	Nd	Al/Nd 比	相组成
A	26.43%	58.19%	15.37%	3.78	Al_4Nd
B	61.51%	33.02%	5.47%	6.03	—
C	11.10%	70.03%	19.26%	3.33	$Al_{11}Nd_3$
D	62.30%	32.87%	4.83%	6.80	—
E	83.39%	16.61%	0	—	—
F	5.56%	71.48%	22.96%	3.11	Al_3Nd

图 3.8(a)～(c)分别为图 3.2(e)中的区域 13～15 的放大图。图 3.8(a)为靠近 Mg-40Al 基体的扩散层,形貌较为致密,从表 3.7 的 EDS 结果可以看出金属间化合物为 Al_4Y。图 3.8(b)为扩散层的中部,反应层中的金属间化合物与区域 13 相比较疏松,部分区域露出了 Mg 基体,从 EDS 结果可以看出该区域中的金属间化合物为 $Al_{11}Y_3$。图 3.8(c)可以看出靠近 Mg-30Y 基体的扩散层中的化合物呈现丝状,对 C、D 和 E 三个不同位置进行 EDS 分析,可知 C 为 Al_3Y,D 为 Al_2Y,E 为 Mg 基体。如表 3.7 所示。

图 3.9 至图 3.13 为各扩散偶在 525 ℃下保温 10 min 的界面处的成分轮廓图,从图中可以看出,Al 元素向 Mg-X(X = 20Ca、20Ce、20La、30Nd、30Y)基体中扩散,在扩散层中 Al 元素的浓度下降较为缓慢,在靠近 Mg-X(X = 20Ca、20Ce、20La、30Nd、30Y)基体时 Al 元素的浓度明显降低。与第 2 章中的固态扩散相比,

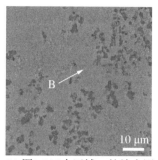

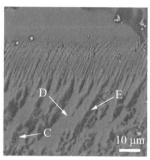

(a) 图3.2(e)中区域13的放大图　　(b) 图3.2(e)中区域14的放大图　　(c) 图3.2(e)中区域15的放大图

图 3.8　图 3.2(e)中区域的放大图

表 3.7　图 3.8 中扩散层中不同位置的 EDS 分析结果(原子百分数)

点	Mg	Al	Y	Al/Y 比	相组成
A	46.99%	42.91%	10.11%	4.15	Al_4Y
B	67.18%	25.98%	6.84%	3.79	$Al_{11}Y_3$
C	63.97%	27.82%	8.21%	3.38	Al_3Y
D	75.99%	15.90%	8.11%	1.96	Al_2Y
E	94.93%	5.07%	—	—	Mg

固/液扩散偶的反应层组织均匀,且没有分层现象。Ca、Ce、La、Nd 和 Y 均未越过界面向 Mg-40Al 基体扩散,Ca、Ce、La、Nd 和 Y 元素浓度在扩散层中保持水平,Ca 和 Y 元素浓度略低于 Mg-20Ca 和 Mg-30Y 基体中 Ca 和 Y 元素的浓度,但是 Ce、La 和 Nd 元素浓度与 Mg-20Ce、Mg-20La 和 Mg-30Nd 基体中的 Ce、La 和 Nd 元素浓度基本保持一致。

　　由上述可知,Al 元素在各固/液扩散偶的扩散过程中起主要作用,当 Al 元素扩散到 Mg-X(X=20Ca、20Ce、20La、30Nd、30Y)基体后与 Ca、Ce、La、Nd 和 Y 元素反应生成 Al-X(X=Ca、Ce、La、Nd、Y)金属间化合物,这与固态扩散过程中的现象相似。可能是因为 Mg-40Al 为熔体,Mg-X(X=20Ca、20Ce、20La、30Nd、30Y)固态,扩散过程中在熔体中的 Al 原子跳跃频繁,而 Ca、Ce、La、Nd 和 Y 原子跳跃不频繁。另外,在 Mg-40Al 熔体中的空位浓度远高于 Mg-X(X=20Ca、20Ce、20La、30Nd、30Y)固态中间合金中的空位浓度,从而导致了 Al 原子迅速向对侧基体扩散,然而 Ca、Ce、La、Nd 和 Y 原子由于跳跃不频繁、原子半径较大,以及与扩散过来的 Al 原子反应形成稳定的金属间化合物,导致 Ca、Ce、La、Nd 和 Y 原子不能向 Mg-40Al 熔体中扩散。

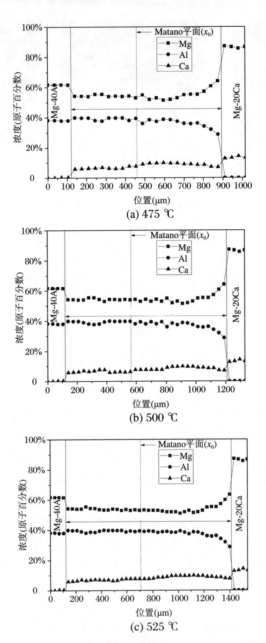

图 3.9　(Mg-40Al)/(Mg-20Ca)在实验温度下保温 10 min 的界面处的成分轮廓图

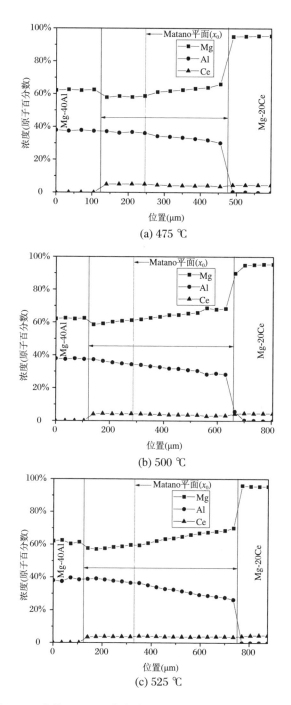

(a) 475 ℃

(b) 500 ℃

(c) 525 ℃

图 3.10　(Mg-40Al)/(Mg-20Ce)在实验温度下保温 10 min 的界面处的成分轮廓图

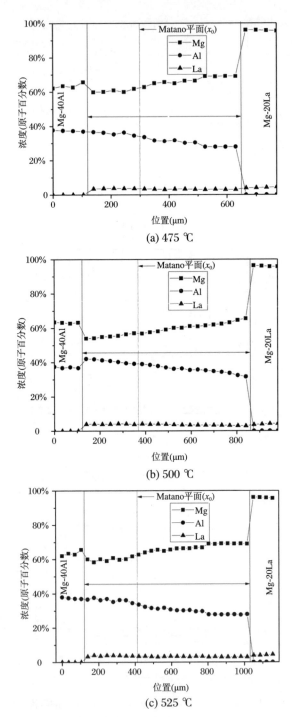

(a) 475 ℃

(b) 500 ℃

(c) 525 ℃

图 3.11　(Mg-40Al)/(Mg-20La)在实验温度下保温 10 min 的界面处的成分轮廓图

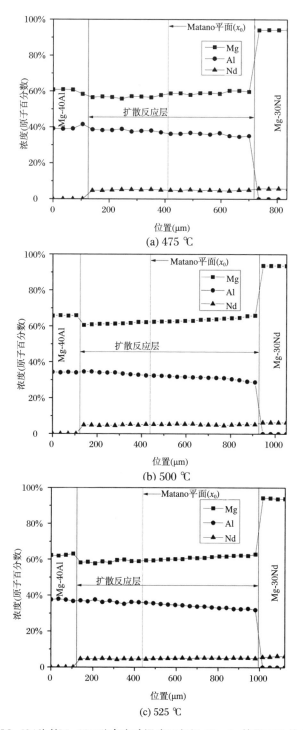

图 3.12   (Mg-40Al)/(Mg-30Nd)在实验温度下保温 10 min 的界面处的成分轮廓图

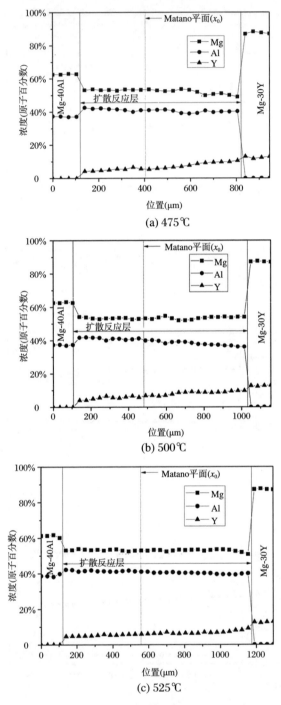

图 3.13 (Mg-40Al)/(Mg-30Y)在实验温度下保温 10 min 的界面处的成分轮廓图

3.4　扩散层中金属间化合物生成的热力学

在 Mg-Al-X(X=Ca、Ce、La、Nd、Y)三元体系的界面处热力学行为是金属间化合物的形成的重要因素。众所周知,吉布斯自由能(ΔG)是一种有效的判断是否发生化学反应标准。如果 ΔG 小于 0,则反应进行,而且 ΔG 越小反应越容易进行。

文献中有大量预测二元体系中化合物吉布斯自由能的模型,其中,修正的准化学模型(modified quasichemical model,MQM)[7]主要用于液态金属热力学性质的研究。MQM 模型已在液态合金、熔体氧化和熔盐中被广泛的应用[8-12]。下面为 A 和 B 两个相邻原子交互反应的 MQM 模型的表达式:

$$(A - A)_{pair} + (B - B)_{pair} = 2(A - B)_{pair} \tag{3.1}$$

其中,$(i - j)_{pair}$ 表示最相邻的一对原子。Δg_{AB} 为生成 2 mol(A - B)所需的吉布斯自由能。n_A 和 n_B 为 A 和 B 摩尔数,n_{AA}、n_{BB} 和 n_{AB} 为(A - A)、(B - B)和(A - B)的摩尔数。Z_A 和 Z_B 为 A 和 B 的配位数。溶体的吉布斯自由能为

$$G = (n_A g_A^0 + n_B g_B^0) - T\Delta S^{config} + \left(\frac{n_{AB}}{2}\right)\Delta g_{AB} \tag{3.2}$$

其中,g_A^0 和 g_B^0 为 A 和 B 的吉布斯自由能,ΔS^{config} 为(A - A)、(B - B)和(A - B)随机地混合生成熵[18]:

$$\Delta S^{config} = -R(n_A\ln X_A + n_B\ln X_B) - R\left(n_{AA}\ln\frac{x_{AA}}{Y_A^2} + X_{BB}\ln\frac{x_{BB}}{Y_B^2} + n_{AB}\ln\frac{x_{AB}}{2Y_A Y_B}\right) \tag{3.3}$$

其中,X_{AA}、X_{BB} 和 X_{AB} 分别为(A - A)、(B - B)和(A - B)的成对分数;Y_A 和 Y_B 分别为 A 和 B 的分数:

$$X_{ij} = \frac{n_{ij}}{n_{AA} + n_{BB} + n_{AB}} \quad (i, j = \text{A 或 B}) \tag{3.4}$$

$$X_A = \frac{n_A}{n_A + n_B} = 1 - X_B \tag{3.5}$$

$$Y_i = \frac{Z_i n_i}{Z_A n_A + Z_B n_B} \quad (i = \text{A 或 B}) \tag{3.6}$$

此外,有下列方程:

$$Z_A n_A = 2n_{AA} + n_{AB} \tag{3.7}$$

$$Z_B n_B = 2n_{BB} + n_{AB} \tag{3.8}$$

Δg_{AB} 是 X_{AA} 和 X_{BB} 的展开项:

$$\Delta g_{AB} = \Delta g_{AB}^0 \sum_{i>1} g_{AB}^{i0} X_{AA}^i + \sum_{j\geqslant1} g_{AB}^{0j} X_{BB}^j \tag{3.9}$$

其中,Δg_{AB}^0,Δg_{AB}^{i0},Δg_{AB}^{0j} 是模型的参数,可以通过温度函数进行表达。

平衡分布可以通过下面公式进行计算：

$$\left(\frac{\partial G}{\partial n_{AB}}\right) n_A n_B = 0 \tag{3.10}$$

准化学反应的平衡常数为

$$\frac{x_{AB}^2}{x_{AA} x_{BB}} = 4\exp\left(-\frac{\Delta G_{AB}}{RT}\right) \tag{3.11}$$

Z_A 和 Z_B 可以表达为[8]

$$\frac{1}{Z_A} = \frac{1}{Z_{AA}^A}\left(\frac{2n_{AA}}{2n_{AA} + n_{AB}}\right) + \frac{1}{Z_{AB}^A}\left(\frac{n_{AB}}{2n_{AA} + n_{AB}}\right) \tag{3.12}$$

$$\frac{1}{Z_B} = \frac{1}{Z_{BB}^B}\left(\frac{2n_{BB}}{2n_{BB} + n_{AB}}\right) + \frac{1}{Z_{AB}^B}\left(\frac{n_{AB}}{2n_{BB} + n_{AB}}\right) \tag{3.13}$$

其中，Z_{AA}^A 和 Z_{BB}^A 分别为 A 原子最近的 A 原子的数量和 B 原子最近的 A 原子数量。Z_{BB}^B 和 Z_{BA}^B 的定义也一样。表 3.8 为本实验所需配位数列表[13-14]。

表 3.8　MQM 模型优化后的参数

配位数				配　对　反　应　的　吉　布　斯　能
i	j	Z_{ij}^i	Z_{ij}^j	
Mg	Al	6	6	$\Delta g_{MgAl} = -2761 + 1.5272T + (-418.4 + 0.6276T) X_{AlAl}$ [14]
Mg	Ca	5	4	$\Delta g_{MgCa} = -706.33 + 0.37T + (508.82 - 0.89T) X_{MgMg} + (323.40 - 1.20T) X_{CaCa}$ [15]
Mg	Ce	2	6	$\Delta g_{MgCe} = -15899 + 7.43T + (-9623 + 2.51T) X_{MgMg} - 8368 X_{CeCe}$ [16]
Mg	La	2	6	$\Delta g_{MgLa} = -14435 + 5375T + (-13807 + 4.6T) X_{MgMg} - 8368 X_{LaLa}$ [16]
Mg	Nd	2	6	$\Delta g_{MgNd} = -15899 + 7.43T + (-9623 + 2.51T) X_{MgMg} - 8368 X_{NdNd}$ [16]
Mg	Y	3	6	$\Delta g_{MgY} = -12761.2 + 3.77T + (-8368 + 6.28T) X_{MgMg}^2 - 2092 X_{YY}^2$ [10]
Al	Ca	3	6	$\Delta g_{AlCa} = -30572.52 + 10.58T + (1.32T) X_{AlAl} - (4890.6 - 0.38T) X_{CaCa}$ [17]
Al	Ce	3	6	$\Delta g_{AlCe} = -46024 + 5.65T + (-17364 - 1.13T) X_{AlAl} - 10460 X_{CaCa}$ [18]
Al	La	3	6	$\Delta g_{AlLa} = -48116 + 4.60T + (-11088 - 1.674T) X_{AlAl} - 15732 X_{LaLa}$ [18]
Al	Nd	3	6	$\Delta g_{AlNd} = -39622 + 5.40T + (-12970 - 4.00T) X_{AlAl} - 18828 X_{NdNd}$ [18]
Al	Y	6	6	$\Delta g_{AlY} = -41631 + 8.37T + 12552 X_{AlAl} + 4184 X_{YY}$ [19]

根据各扩散偶中扩散层的微观组织、XRD 和 EDS 分析发现，扩散层中的金属间化合物主要为二元化合物。在（Mg-40Al）/（Mg-X（X = 20Ca、20Ce、20La、30Nd、30Y））固/液扩散偶的界面处有 Mg、Al 和 Ca/Ce/La/Nd/Y 三种元素。三种元素能形成多种二元的金属间化合物，为了确定扩散层中化合物生成的热力学，于是利用 MQM 模型分别对液态下 Mg-Al-X（X = Y、Nd、Ce、La、Gd、Ca、Sr）三元体系中的所有二元化合物的吉布斯自由能进行了计算。

图 3.14 为 Mg-Al-X（X = Y、Nd、Ce、La、Gd、Ca、Sr）三元体系中的所有二元化

合物在 475～525 ℃范围内的吉布斯自由能的计算结果。Mg-Al-Ca 和 Mg-Al-Nd 三元体系中 Al-Ca 和 Al-Nd 金属间化合物的吉布斯自由能明显低于 Mg-Al，Mg-Ca 和 Mg-Nd 金属间化合物的吉布斯自由能。在 Mg-Al-Ce/La/Y 三元体系中 $Al_4X(X=Ce、La、Y)$、$Al_{11}X_3(X=Ce、La、Y)$、$Al_3X(X=Ce、La、Y)$ 和 $Al_2X(X=Ce、La、Y)$ 的吉布斯自由能比其他金属间化合物低。因此，可以确定 Al-Ca、Al-Nd、$Al_4X(X=Ce、La、Y)$、$Al_{11}X_3(X=Ce、La、Y)$、$Al_3X(X=Ce、La、Y)$ 和 $Al_2X(X=Ce、La、Y)$ 金属间化合物在各固/液扩散偶的界面优先形成。吉布斯自由能的计算结果与实验结果基本一致。

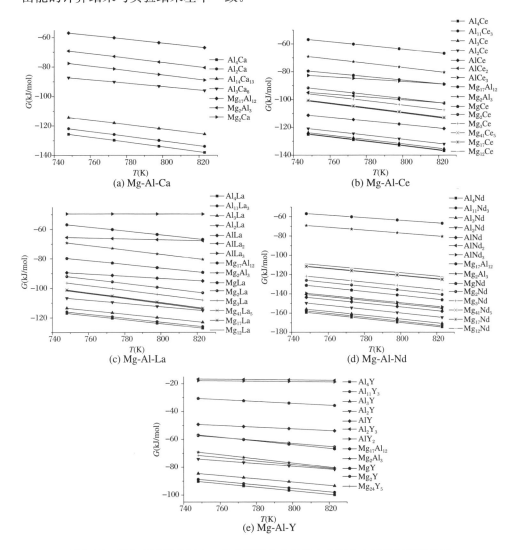

图 3.14　镁合金三元体系中二元金属间化合物的吉布斯自由能与温度的关系

3.5 　扩散层的生长动力学

在固/液扩散偶中,扩散层主要是通过扩散溶解形成的,同样也可以利用扩散层的厚度计算扩散层的动力学参数。图3.15为扩散层厚度与时间开平方的关系,对实验数据进行拟合发现扩散厚度与时间开平方呈线性关系,且拟合的直线通过原点,表明扩散层符合抛物线生长规律。因此,扩散层的生长受扩散控制。

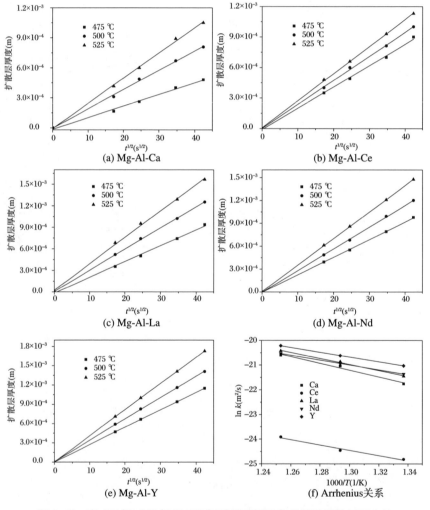

图3.15 在475 ℃、500 ℃和525 ℃扩散层厚度与扩散时间的开平方的
关系和扩散层生长常数的 Arrhenius 关系

下列等式为扩散层的抛物线生长规律：

$$d = (kt)^{1/2} \tag{3.14}$$

其中，d 为扩散层的厚度，k 为扩散层的生长常数，t 为扩散时间。根据公式 (3.14) 计算出扩散层的生长系数。

由 Arrhenius 关系可知，$\ln k$ 与 $1/T$ 满足线性关系[20]：

$$\ln k = \ln k_0 - \frac{Q}{RT} \tag{3.15}$$

其中，k_0 为指前因子，Q 为扩散层的扩散激活能，R 为气体常数，T 为扩散温度。根据等式 (3.15) 可以计算出扩散层的指前因子和扩散激活能。表 3.9 为扩散层的生长常数、指前因子和扩散激活能的计算结果，从表中可以看出，随着温度的升高各扩散偶中扩散层的生长常数逐渐增加，且扩散层的生长常数的数量级为 $10^{-9} \sim 10^{-10}$，与液态扩散系数的数量级一致。各扩散偶中原子半径的规律为 $r_Y < r_{Nd} < r_{Ce} < r_{La} < r_{Ca}$，扩散层厚度规律为 $d_Y > d_{Nd} > d_{Ce} > d_{La} > d_{Ca}$，扩散层的厚度随着原子半径的增加而减少。说明各扩散偶的中间合金的元素的原子半径影响扩散反应层的生长。

表 3.9　扩散层的生长常数、指前因子和扩散激活能

扩散偶	$T(℃)$	$k(\mathrm{m^2/s})$	$k_0(\mathrm{m^2/s})$	$Q(\mathrm{kJ/mol})$
(Mg-40Al)/(Mg-20Ca)	475	$3.56(\pm0.89)\times10^{-10}$		
	500	$7.30(\pm0.71)\times10^{-10}$	$3.95(\pm0.57)\times10^{-2}$	114.97 ± 0.56
	525	$1.13(\pm0.36)\times10^{-9}$		
(Mg-40Al)/(Mg-20Ce)	475	$4.39(\pm0.18)\times10^{-10}$		
	500	$5.57(\pm0.36)\times10^{-10}$	$2.83(\pm0.49)\times10^{-5}$	89.41 ± 0.69
	525	$7.08(\pm0.66)\times10^{-10}$		
(Mg-40Al)/(Mg-20La)	475	$4.83(\pm0.24)\times10^{-10}$		
	500	$8.68(\pm0.33)\times10^{-10}$	$6.77(\pm0.35)\times10^{-3}$	102.22 ± 1.96
	525	$1.35(\pm0.16)\times10^{-9}$		
(Mg-40Al)/(Mg-30Nd)	475	$5.29(\pm0.23)\times10^{-10}$		
	500	$8.11(\pm0.42)\times10^{-10}$	$3.15(\pm0.86)\times10^{-4}$	82.73 ± 0.81
	525	$1.21(\pm0.34)\times10^{-9}$		
(Mg-40Al)/(Mg-30Y)	475	$7.35(\pm0.71)\times10^{-10}$		
	500	$1.11(\pm0.32)\times10^{-9}$	$3.07(\pm0.78)\times10^{-4}$	80.41 ± 0.58
	525	$1.66(\pm0.14)\times10^{-9}$		

3.6　合金元素在扩散层中的扩散系数

根据图 3.9 至图 3.13 中各扩散偶在 525 ℃保温 10 min 的界面处的成分轮廓可知,在固/液扩散过程中 Al 元素的浓度发生了明显的变化,在(Mg-40Al)/(Mg-20Ca)和(Mg-40Al)/(Mg-30Y)扩散偶中 Ca 和 Y 元素在扩散层的浓度也发生了明显的变化,然而(Mg-40Al)/(Mg-20Ce),(Mg-40Al)/(Mg-20La)和(Mg-40Al)/(Mg-30Nd)扩散偶中 Ce、La 和 Nd 元素在扩散层中没有发生明显的变化,因此对各扩散偶中 Al 元素以及在(Mg-40Al)/(Mg-20Ca)和(Mg-40Al)/(Mg-30Y)扩散偶中的 Ca 和 Y 元素在扩散层中的扩散系数进行了研究。利用式(2.13)和式(2.15)对 Al 元素在扩散层中的扩散系数和平均有效扩散系数进行计算。根据 Arrhenius 关系可以知,互扩散系数和平均有效扩散系数取对数分别与温度的倒数满足线性关系,如图 3.16 和图 3.18 所示。由式(2.14)和式(2.16)可以分别计算出 Al 互扩散系数和平均有效扩散系数对应的指前因子和扩散激活能,结果如表 3.10 和表 3.12 所示。在 475~525 ℃下,各扩散偶中 Al 在扩散层中的互扩散系数的数量级为 $10^{-10}\sim10^{-11}$,平均有效扩散系数数量级为 $10^{-11}\sim10^{-12}$,说明 Al 在扩散层中的互扩散系数比平均有效扩散系数要大,但是扩散层两端的浓度差没有明显的突变。随着温度的升高扩散系数和平均有效扩散系数增加。

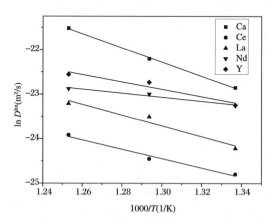

图 3.16　Al 在扩散层中扩散系数的 Arrhenius 关系

从图 3.12 和图 3.14 可以看出,(Mg-40Al)/(Mg-20Ca)、(Mg-40Al)/(Mg-20Ce)、(Mg-40Al)/(Mg-20La)和(Mg-40Al)/(Mg-30Y)扩散偶中 Al 元素在扩散层中的互扩散系数,以及平均有效扩散系数与温度的 Arrhenius 关系拟合的直线

表 3.10　Al 在扩散层的扩散系数、指前因子和扩散激活能

扩散偶	$T(^\circ\text{C})$	$\widetilde{D}^{\text{Int}}(\text{m}^2/\text{s})$	$\widetilde{D}_0^{\text{Int}}(\text{m}^2/\text{s})$	$\widetilde{Q}^{\text{Int}}(\text{kJ/mol})$
(Mg-40Al)/(Mg-20Ca)	475	1.19×10^{-11}		
	500	2.27×10^{-11}	1.99×10^{-1}	132.17
	525	4.10×10^{-11}		
(Mg-40Al)/(Mg-20Ce)	475	3.03×10^{-11}		
	500	6.17×10^{-11}	3.3×10^{-4}	100.37
	525	8.31×10^{-11}		
(Mg-40Al)/(Mg-20La)	475	1.70×10^{-11}		
	500	2.40×10^{-11}	2.00×10^{-5}	87.14
	525	4.51×10^{-11}		
(Mg-40Al)/(Mg-30Nd)	475	7.94×10^{-11}		
	500	1.03×10^{-10}	3.54×10^{-8}	37.82
	525	1.16×10^{-10}		
(Mg-40Al)/(Mg-30Y)	475	8.03×10^{-11}		
	500	1.34×10^{-10}	5.35×10^{-6}	68.75
	525	1.60×10^{-10}		

的斜率没有明显的差异,因此,表 3.10 和表 3.12 中 Al 元素在各扩散偶的扩散层中的扩散激活的大小比较接近。然而,(Mg-40Al)/(Mg-30Nd)扩散偶中 Al 元素的互扩散系数,以及平均有效扩散系数与温度的 Arrhenius 关系拟合的直线的斜率均大于其他扩散拟合的直线的斜率,因此,从表 3.10 和表 3.12 中可以发现,(Mg-40Al)/(Mg-30Nd)扩散偶中 Al 元素在扩散层的扩散激活明显小于其他扩散偶。表 3.11 和表 3.13 为 Ca 和 Y 元素在扩散层中的互扩散系数和平均扩散系数,图 3.17 和表 3.19 为 Ca 和 Y 元素在扩散层中的互扩散系数与温度,以及平均有效扩散系数与温度的 Arrhenius 关系,可以看出 Ca 元素在扩散层中的互扩散系数和平均扩散系数均比 Y 元素的高。Ca 和 Y 元素的扩散激活能接近。

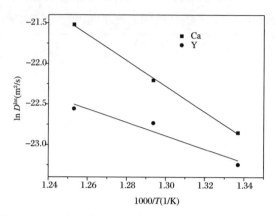

图 3.17　Ca 和 Y 在扩散层中扩散系数的 Arrhenius 关系

表 3.11　Ca 和 Y 在扩散层的互扩散系数、指前因子和扩散激活能

	$T(\text{°C})$	$\widetilde{D}^{\text{Int}}(\text{m}^2/\text{s})$	$\widetilde{D}_0^{\text{Int}}(\text{m}^2/\text{s})$	$\widetilde{Q}^{\text{Int}}(\text{kJ}/\text{mol})$
	475	1.19×10^{-10}		
Ca	500	2.27×10^{-10}	1.99×10^{-1}	132.17
	525	4.51×10^{-10}		
	475	8.03×10^{-11}		
Y	500	1.34×10^{-10}	5.35×10^{-6}	68.75
	525	1.60×10^{-10}		

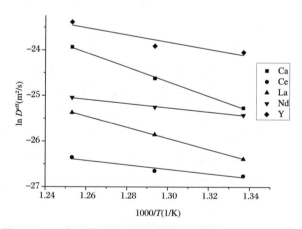

图 3.18　Al 在扩散层中平均有效扩散系数的 Arrhenius 关系

表 3.12　Al 在扩散层中的平均有效扩散系数、指前因子和扩散激活能

扩散偶	$T(℃)$	$\widetilde{D}^{\mathrm{eff}}(\mathrm{m^2/s})$	$\widetilde{D}_0^{\mathrm{eff}}(\mathrm{m^2/s})$	$\widetilde{Q}^{\mathrm{eff}}(\mathrm{kJ/mol})$
(Mg-40Al)/(Mg-20Ca)	475	1.06×10^{-11}	1.78×10^{-2}	132.17
	500	2.03×10^{-11}		
	525	4.03×10^{-11}		
(Mg-40Al)/(Mg-20Ce)	475	2.39×10^{-12}	1.42×10^{-9}	39.89
	500	2.67×10^{-12}		
	525	3.58×10^{-12}		
(Mg-40Al)/(Mg-20La)	475	3.46×10^{-12}	3.79×10^{-5}	100.78
	500	5.90×10^{-12}		
	525	9.57×10^{-12}		
(Mg-40Al)/(Mg-30Nd)	475	9.08×10^{-12}	3.95×10^{-9}	37.84
	500	1.08×10^{-11}		
	525	1.33×10^{-11}		
(Mg-40Al)/(Mg-30Y)	475	3.61×10^{-11}	1.14×10^{-6}	64.86
	500	4.13×10^{-11}		
	525	6.97×10^{-11}		

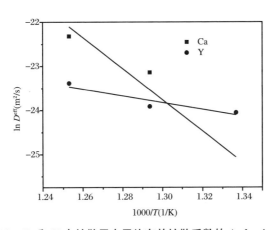

图 3.19　Ca 和 Y 在扩散层中平均有效扩散系数的 Arrhenius 关系

表 3.13　Ca 和 Y 在扩散层中的平均有效扩散系数、指前因子和扩散激活能

	$T(℃)$	$\tilde{D}^{\text{eff}}(\text{m}^2/\text{s})$	$\tilde{D}_0^{\text{eff}}(\text{m}^2/\text{s})$	$\tilde{Q}^{\text{eff}}(\text{kJ/mol})$
	475	1.06×10^{-11}		
Ca	500	8.89×10^{-11}	0.11	154.94
	525	2.03×10^{-10}		
	475	3.61×10^{-11}		
Y	500	4.13×10^{-11}	1.5×10^{-2}	130.46
	525	6.97×10^{-11}		

本 章 小 结

本章利用固/液扩散偶研究了 Mg-40Al 熔体与 Mg-X(X = 20Ca、20Ce、20La、30Nd、30Y)固态镁中间合金在 475～525 ℃范围内扩散层的微观组织、浓度分布、扩散界面的热力学和扩散层的动力学,得到了以下的主要结果:

(1) Mg-40Al 熔体与 Mg-X(X = 20Ca、20Ce、20La、30Nd、30Y)镁中间合金组成的固/液扩散偶,在扩散过程中,Al 为主要的扩散元素,Al 扩散到 Mg-X(X = 20Ca、20Ce、20La、30Nd、30Y)基体生成了 Al-X(X = Ca、Ce、La、Nd、Y)的金属间化合物。在 475～525 ℃范围内 Ca、Ce、La、Nd 和 Y 原子未向 Mg-40Al 熔体中扩散。

(2) 利用 MQM 模型计算了 Mg-Al-X(X = Y、Nd、Ce、La、Gd、Ca、Sr)三元体系中所有二元金属间化合物的吉布斯自由能,结果表明,Al-Ca、Al-Nd、Al_4(Ce/La/Y)、Al_{11}(Ce/La/Y)$_3$、Al_3(Ce/La/Y) 和 Al_2(Ce/La/Y)金属间化合物的吉布斯自由能分别都低于 Mg-Al-X(X = Y、Nd、Ce、La、Gd、Ca、Sr)三元体系中其他金属间化合物的吉布斯自由能。吉布斯自由能的计算结果与实验结果一致。

(3) 在 Mg-40Al 熔体与 Mg-X(X = 20Ca、20Ce、20La、30Nd、30Y)镁中间合金组成的固/液扩散偶中,扩散层满足抛物线生长规律。扩散层的生长常数随着温度的升高而增加。各扩散偶中镁中间合金的合金元素的原子半径的规律为 $r_{\text{Y}}<r_{\text{Nd}}<r_{\text{Ce}}<r_{\text{La}}<r_{\text{Ca}}$,扩散层厚度规律为 $d_{\text{Y}}>d_{Nd}>d_{\text{Ce}}>d_{\text{La}}>d_{\text{Ca}}$,扩散层的厚度随着镁中间合金中的 Ca、Ce、Ca、Nd、Y 原子半径的增加而减少。各扩散偶中 Al 在扩散层中的扩散系数的数量级为 10^{-10}～10^{-11},且大小规律为 $D_{\text{Y}}^{\text{Int}}>D_{\text{Nd}}^{\text{Int}}>D_{\text{Ce}}^{\text{Int}}>D_{\text{La}}^{\text{Int}}>D_{\text{Ca}}^{\text{Int}}$。平均有效扩散系数数量级为 10^{-11}～10^{-12}。

参 考 文 献

［1］ Okamoto H. Ca-Mg (Calcium-Magnesium)［J］. Journal of Phase Equilibria and Diffusion，1998，19(5)：490.

［2］ Nayeb-Hashemi A A，Clark J B. The Ce-Mg (Cerium-Magnesium) system［J］. Journal of Phase Equilibria and Diffusion，1988，9(2)：162-172.

［3］ Okamoto H. La-Mg (Lanthanum-Magnesium)［J］. Journal of Phase Equilibria and Diffusion，2013，34(27)：550-550.

［4］ Okamoto H. Mg-Nd (Magnesium-Neodymium)［J］. Journal of Phase Equilibria and Diffusion，1991，12(2)：249-250.

［5］ Predel B. Mg-Y (Magnesium-Yttrium)［J］. Journal of Phase Equilibria and Diffusion，1992，31(2)：199-199.

［6］ Ozturk K，Y. Zhong，Liu Z K，et al. Creep resistant Mg-Al-Ca alloys：computational thermodynamics and experimental investigation［J］. JOM，2003，55(11)：40-44.

［7］ Pelton A，Degterov S，Eriksson G，et al. The modified quasichemical model I-binary solutions［J］. Metallurgical and Materials Transactions B，2000，31(4)：651-659.

［8］ Kang Y B，Pelton A D，Chartrand P，et al. Thermodynamic database development of the Mg-Ce-Mn-Y system for Mg alloy design［J］. Metallurgical and Materials Transactions A，2007，38(6)：1231-1243.

［9］ Kang Y B，Pelton A D，Chartrand P，et al. Fuerst. Critical evaluation and thermodynamic optimization of the binary systems in the Mg-Ce-Mn-Y system［J］. Journal of Phase Equilibria and Diffusion，2007，28(4)：342-354.

［10］ Kang Y B，Jung I H，Decterov S A，et al. Critical thermodynamic evaluation and optimization of the CaO-MnO-SiO₂ and CaO-MnO-Al₂O₃ systems［J］. ISIJ international，2004，44(6)：965-974.

［11］ Jung I H，Decterov S A，Pelton A D. Critical thermodynamic evaluation and optimization of the CaO-MgO-SiO2 system［J］. Journal of the European Ceramic Society，2005，25(4)：313-333.

［12］ Pelton A D，Chartrand P. Thermodynamic evaluation and optimization of the LiCl-NaCl-KCl-RbCl-CsCl-MgCl₂-CaCl₂ system using the modified quasi-chemical model［J］. Metallurgical and Materials Transactions A，2001，32(6)：1361-1383.

［13］ Kang Y B，Pelton A D，Chartrand P，et al. Critical evaluation and thermodynamic optimization of the Al-Ce，Al-Y，Al-Sc and Mg-Sc binary systems［J］. Calphad-Computer Coupling of Phase Diagrams and Thermochemistry，2008，32(2)：413-422.

［14］ Jin L，Kang Y B，Chartrand P，et al. Thermodynamic evaluation and optimization of Al-La，Al-Ce，Al-Pr，Al-Nd and Al-Sm systems using the modified quasichemical model for liquids［J］. Calphad，2011，35(1)：30-41.

[15] Wasiur-Rahman S, Medraj M. A thermodynamic description of the Al-Ca-Zn ternary system[J]. Calphad, 2009, 33(3): 584-598.

[16] Kang Y B, Pelton A D. Modeling short-range ordering in liquids: the Mg-Al-Sn system [J]. Calphad, 2010, 34(2): 180-188.

[17] Hahn H, Averback R S. Dependence of tracer diffusion on atomic size in amorphous Ni-Zr[J]. Physical Review B Condensed Matter, 1988, 37(11): 6533-6535.

[18] Jin L, Kevorkov D, Medraj M, et al. Al-Mg-RE (RE = La, Ce, Pr, Nd, Sm) systems: thermodynamic evaluations and optimizations coupled with key experiments and Miedema's model estimations[J]. The Journal of Chemical Thermodynamics, 2013, 58: 166-195.

[19] Borzone G, Cacciamani G, Ferro R. Heats of formation of aluminum-cerium intermetallic compounds[J]. Metallurgical and Materials Transactions A, 1991, 22(9): 2119-2123.

[20] Arrhenius S. Chemical reaction velocities (to the theory of the chemical reaction rate machine translation)[J]. Zeitschrift Für Physikalische Chemie, 1899, 28: 317-335.

第4章 原子尺寸对合金元素在镁合金中扩散行为的影响

根据第 2 和 3 章的研究结果发现,Mg 中间合金中合金元素的原子半径不同会影响扩散层的生长。原子尺寸效应对扩散的影响已经有人报道,Hahn 等[1]利用卢瑟福背散射将 Co~Bi 等一系列不同原子半径的元素溅射到 $Ni_{50}Zr_{50}$ 表面,然后退火,测量和计算 Co~Bi 在 $Ni_{50}Zr_{50}$ 中的扩散系数,结果发现,随着原子半径的增加,原子在 $Ni_{50}Zr_{50}$ 中的扩散系数减少。Sharma 等[2]研究了 Be~Fe 等一系列的不同原子半径的元素通过磁控溅射的方法将 Be 等溅射到 $Ti_{60}Ni_{40}$ 基体上,然后退火,测定 Be~Fe 等在 $Ti_{60}Ni_{40}$ 中的扩散系数,结果发现随着原子半径的减少:$r_{Si}>r_{Fe}>r_{Be}>r_B$,扩散系数反而增加:$D_{Si}<D_{Fe}<D_{Be}<D_B$。Laik 等[3]总结了 Co~Ta 等元素在 β-Zr(Al)中的扩散系数规律,结果发现扩散系数与原子的半径满足下面关系:

$$\log D^{\beta\text{-}Zr}(m^2/s) = -14.57 \pm 1.22 + \exp[(4.84 \pm 2.83) - (30.22 \pm 2.66)r]$$

根据上述报道,本章也利用扩散偶的方法研究了 Mg 中间合金中合金元素的原子尺寸对元素扩散行为的影响。虽然固/液扩散偶的制备成功率高于固/固扩散偶,但是固/液扩散偶中扩散层的生长与固/固扩散偶扩散层的生长相比难以控制。在固/液扩散偶的扩散过程中,扩散层的厚度方向生长容易出现不整齐现象,而固/固扩散偶生成的扩散层比较整齐均匀。为了使扩散层厚度的统计更加准确,本章采用固/固扩散偶的方法,设计一系列合金元素原子半径不同的镁中间合金与 Mg-40Al 中间的扩散偶,研究了原子尺寸对合金元素在镁合金中扩散行为的影响。

4.1 扩散偶的制备和测试分析方法

实验材料为 Mg-40%Al(Mg-40Al)、Mg-20%X(Mg-20X)(X = Cu、Y、Nd、Ce、La、Gd、Ca、Sr)(质量百分数)镁中间合金。如图 4.1 所示,Cu、Al、Mg、Y、Nd、Ce、La、Gd、Ca 和 Sr 的原子半径是依次增大的。根据相图[4-11]可知,Mg-20X(X = Cu、Y、Nd、Ce、La、Gd、Ca、Sr)中间合金的固相线温度明显高于 Mg-40Al 中间合金的

固相线温度,因此,扩散偶的制备与第 2 章中固/固扩散偶的制备方法相同。表 4.1 中所示 Mg-40Al 与含不同原子半径的合金元素的镁中间合金的扩散温度和保温时间。试样保温后将其放入冷水中淬火。将淬火后的扩散偶试样,沿扩散层的厚度方向的横截面先进行预磨,然后用 400～1000 粒度的砂纸进行水磨,得到金相试样。将制备好的金相试样在 SEM 下进行组织观察和 EDS 成分分析。

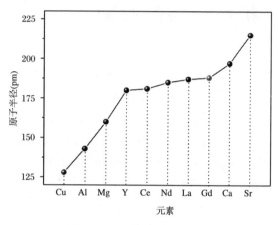

图 4.1　不同元素的原子半径

表 4.1　扩散偶的保温温度和退火时间

扩散偶	350 ℃	375 ℃	400 ℃
(Mg-40Al)/(Mg-20Cu)			
(Mg-40Al)/(Mg-20Ca)			
(Mg-40Al)/(Mg-20Ce)			
(Mg-40Al)/(Mg-20Gd)			
(Mg-40Al)/(Mg-20La)	72 h	72 h	72 h
(Mg-40Al)/(Mg-20Nd)			
(Mg-40Al)/(Mg-20Y)			
(Mg-40Al)/(Mg-20Sr)			

4.2　扩散层微观组织分析

　　图 4.2(a)～(h)分别为(Mg-40Al)/[Mg-20X(X = Cu、Y、Nd、Ce、La、Gd、Ca、Sr)]扩散偶在 400 ℃保温 72 h 的扩散层的 BSE 照片,可以看出,在所有扩散偶的

界面处都有明显的扩散层生成,原始界面将扩散层分成两个层,(Mg-40Al)/[Mg-20X(X＝Y、Nd、Ce、La、Gd、Ca、Sr)]扩散偶 Mg-40Al 基体侧的扩散层为贫铝层,Mg-20X(X＝Y、Nd、Ce、La、Gd、Ca、Sr)基体侧的扩散层为金属间化合物层。在扩散过程中 Al 原子的扩散速率比 Y、Nd、Ce、La、Gd、Ca 和 Sr 原子的扩散速率要大,导致 Mg-40Al 基体中的靠近界面处的大量的 Al 原子向对侧基体扩散,在 Mg-40Al 基体中的靠近界面处形成了贫铝层。由于 Al 元素能与 Y、Nd、Ce、La、Gd、Ca 和 Sr 元素反应生成金属间化合物,于是当 Al 原子越过界面向对侧扩散后分别与 Y、Nd、Ce、La、Gd、Ca 和 Sr 反应生成金属间化合物。因此,在 Mg-20X(X＝Y、Nd、Ce、La、Gd、Ca、Sr)基体侧的扩散层中可以看到生成了大量的金属间化合物。然而,在(Mg-40Al)/(Mg-20Cu)扩散偶中扩散层的生长形貌与(Mg-40Al)/[Mg-20X(X＝Y、Nd、Ce、La、Gd、Ca、Sr)]扩散偶不同,在 Mg-20Cu 基体侧形成了明显的贫铜层,Cu 元素和 Al 元素都向界面处迁移,并反应生成 Al-Cu 金属间化合物,但是 Cu 元素迁移的速度明显大于 Al 元素的迁移速度。在(Mg-40Al)/(Mg-20Cu)扩散偶中镁中间合金的原子半径为 $r_{Cu}<r_{Al}$,所以 Cu 元素的扩散明显大于 Al 元素的扩散速率,从而在 Mg-20Cu 基体层形成的贫铜层明显大于 Mg-40Al 基体侧的贫铝层。在(Mg-40Al)/[Mg-20X(X＝Y、Nd、Ce、La、Gd、Ca、Sr)]扩散偶中,随着镁中间合金中合金元素的原子半径的增加:$r_{Al}<r_Y<r_{Nd}<r_{Ce}<r_{La}<r_{Gd}<r_{Ca}<r_{Sr}$,扩散层的厚度逐渐减少,说明镁中间合金中的合金元素的原子半径对扩散层的厚度有显著影响。此外,Al 元素均向 Mg-20X(X＝Y、Nd、Ce、La、Gd、Ca、Sr)基体扩散,并形成了贫铝层,然而 Y、Nd、Ce、La、Gd、Ca、Sr 元素均未向 Mg-40Al 基体扩散。要总结出(Mg-40Al)/[Mg-20X(X＝Y、Nd、Ce、La、Gd、Ca、Sr)]扩散偶中扩散行为与镁中间合金中合金元素的原子半径的规律还需要进一步的研究。虽然扩散偶中 Mg-20X(X＝Y、Nd、Ce、La、Gd、Ca、Sr)基体中由于大量的金属间化合物存在导致基体中组织不均匀,但是各扩散偶中扩散层的厚度较为整齐,因此,Mg-20X(X＝Y、Nd、Ce、La、Gd、Ca、Sr)基体组织不均匀没有影响原子的扩散。

　　图 4.3 为各扩散偶在 400 ℃下保温 72 h 的扩散界面的成分轮廓图。从图中可以看出,各扩散偶的界面处的元素浓度的变化规律基本类似,Mg-40Al 基体靠近界面处的 Al 元素浓度明显低于 Mg-40Al 基体中的 Al 元素浓度,越过界面之后在 Mg-40Al 基体对侧中 Al 元素的浓度有急剧上升,然后在扩散层 Ⅱ 中逐渐地降低。Y、Nd、Ce、La、Gd、Ca 和 Sr 元素均未越过界面向 Mg-40Al 基体扩散,而且在扩散层 Ⅱ 中的浓度与基体中的浓度基本保持一致。在扩散层 Ⅰ 中由于 Al 元素的相对含量减少导致 Mg 元素的相对含量增加,在扩散层 Ⅱ 由于 Al 元素扩散进入导致 Mg 元素浓度相对于扩散层 Ⅰ 和 Mg-20X(X＝Y、Nd、Ce、La、Gd、Ca、Sr)基体都要低,但是在扩散层 Ⅱ 中 Mg 元素浓度基本保持一致。

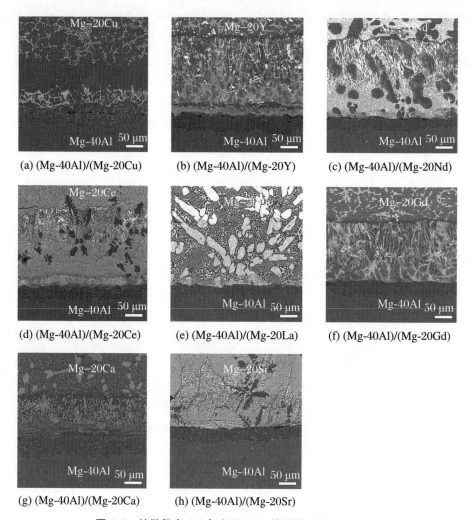

(a) (Mg-40Al)/(Mg-20Cu)　　　(b) (Mg-40Al)/(Mg-20Y)　　　(c) (Mg-40Al)/(Mg-20Nd)

(d) (Mg-40Al)/(Mg-20Ce)　　　(e) (Mg-40Al)/(Mg-20La)　　　(f) (Mg-40Al)/(Mg-20Gd)

(g) (Mg-40Al)/(Mg-20Ca)　　　(h) (Mg-40Al)/(Mg-20Sr)

图 4.2　扩散偶在 400 ℃保温 72 h 的扩散层的 BSE 照片

图 4.4 为(Mg-40Al)/[Mg-20X(X = Y、Nd、Ce、La、Gd、Ca、Sr)]扩散偶扩散
过程的示意图。由成分轮廓图推断 Mg-40Al 基体靠近界面处的 Al 原子越过界面
向对侧的基体扩散,由于基面附近的 Mg-40Al 基体中的 Al 原子扩散,导致贫铝层
的形成。然而,Mg-20X(X = Y、Nd、Ce、La、Gd、Ca、Sr)中的 Y、Nd、Ce、La、Gd、
Ca 和 Sr 原子均未向 Mg-40Al 基体中扩散。由于 Al 原子的原子半径小于 Y、Nd、
Ce、La、Gd、Ca 和 Sr 的原子半径:$r_{Al} < r_Y < r_{Nd} < r_{Ce} < r_{La} < r_{Gd} < r_{Ca} < r_{Sr}$,从而导
致 Y、Nd、Ce、La、Gd、Ca 和 Sr 原子在本实验温度和时间下难以向 Mg-40Al 基体
扩散。在(Mg-40Al)/[Mg-20X(X = Y、Nd、Ce、La、Gd、Ca、Sr)]扩散偶中 Al 元素
在 Mg-20X(X = Y、Nd、Ce、La、Gd、Ca、Sr)的基体中没有发现明显的固溶,然而在

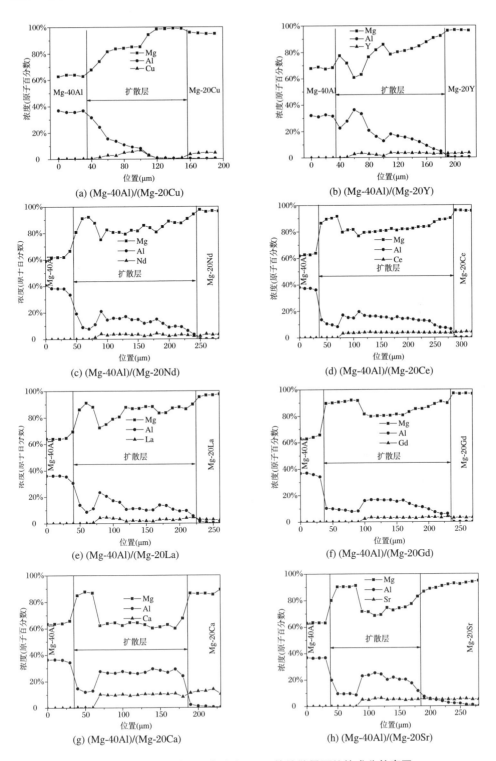

图 4.3　扩散偶在 400 ℃ 保温 72 h 的扩散界面处的成分轮廓图

（Mg-40Al）/（Mg-20Ca）和（Mg-40Al）/（Mg-20Sr）扩散偶中发现 Al 元素在 Mg-20Ca 和 Mg-20Sr 基体存在明显的固溶。Y、Nd、Ce、La 和 Gd 原子半径为 180 pm 左右，而 Ca 和 Sr 的原子半径分别为 197 pm 和 215 pm。Ca 和 Sr 原子半径明显高于 Y、Nd、Ce、La 和 Gd，合金元素原子半径的大小可能会影响 Al 元素在镁中间合金中的固溶度。

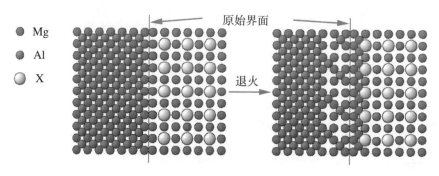

图 4.4　扩散过程的示意图

4.3　扩散层的动力学分析

根据第 2 章的研究发现，各扩散偶整个扩散层厚度与原子尺寸有关，因此，本章主要研究各扩散偶的整个扩散层的动力学，扩散层厚度是反应动力学的主要参数，于是对各扩散偶的整个扩散层的厚度进行统计。图 4.5 为（Mg-40Al）/[Mg-20X（X＝Cu、Y、Nd、Ce、La、Gd、Ca、Sr）]扩散偶在不同温度下的扩散层的平均厚度的统计结果。根据第 2 章中的研究结果发现在不同温度的扩散层符合抛物线生长规律，本章中扩散层也应该满足抛物线生长规律。因此，扩散层厚度与时间开平方满足线性关系。根据这一线性关系可以计算出各扩散层的生长常数。表 4.2 为根据公式（2.1）计算得到各扩散偶在 350～400 ℃下扩散层的生长常数。各扩散偶随着温度的升高扩散层的生长常数增加，各扩散偶在 350～400 ℃范围内的扩散层生长常数的数量级为 10^{-13}～10^{-15}。

由于图 4.5 的数据统计结果发现，随着 Mg 中间合金中的合金元素的原子半径增加：$r_Y < r_{Nd} < r_{Ce} < r_{La} < r_{Gd} < r_{Ca} < r_{Sr}$，（Mg-40Al）/[Mg-20X（X＝Y、Nd、Ce、La、Gd、Ca、Sr）]扩散偶中扩散层的厚度逐渐减少：$d_Y < d_{Nd} < d_{Ce} < d_{La} < d_{Gd} < d_{Ca} < d_{Sr}$。可能与 Al 元素在各扩散层的中扩散系数有关。Hood[12]的研究结果

表 4.2　扩散层的生长常数

扩散偶	$k(\text{m}^2/\text{s})$		
	350 ℃	375 ℃	400 ℃
(Mg-40Al)/(Mg-20Cu)	1.75×10^{-14}	3.98×10^{-14}	9.04×10^{-14}
(Mg-40Al)/(Mg-20Y)	1.30×10^{-13}	2.31×10^{-13}	3.33×10^{-13}
(Mg-40Al)/(Mg-20Nd)	1.03×10^{-13}	1.78×10^{-13}	2.41×10^{-13}
(Mg-40Al)/(Mg-20Ce)	7.00×10^{-14}	1.39×10^{-13}	2.80×10^{-13}
(Mg-40Al)/(Mg-20La)	5.22×10^{-14}	1.10×10^{-13}	2.55×10^{-13}
(Mg-40Al)/(Mg-20Gd)	5.56×10^{-14}	1.05×10^{-13}	1.51×10^{-13}
(Mg-40Al)/(Mg-20Ca)	2.59×10^{-14}	5.28×10^{-14}	1.10×10^{-13}
(Mg-40Al)/(Mg-20Sr)	4.68×10^{-14}	2.08×10^{-14}	9.25×10^{-15}

得出扩散系数和原子半径的关系式：
$$\ln D = A + \exp(B - Cr) \tag{4.1}$$
式中，D 为扩散系数，A、B 和 C 均为常数。由于扩散层的生长系数与扩散系数都反映原子扩散的快慢，于是对扩散系数（D）与原子半径的关系进行变换得到扩散层的生长常数（k）与原子半径的关系：
$$\ln k = A + \exp(B - Cr) \tag{4.2}$$
式中，k 为扩散层的生长常数，A、B 和 C 均为常数。

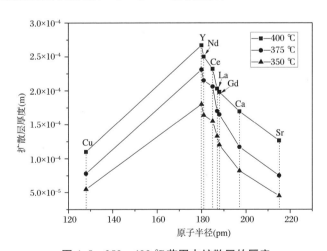

图 4.5　350～400 ℃范围内扩散层的厚度

图 4.6 为(Mg-40Al)/[Mg-20X(X = Y、Nd、Ce、La、Gd、Ca、Sr)]扩散偶在 350～400 ℃下扩散层的生长常数与原子半径的关系。所得实验数据利用等式(4.2)

进行拟合,各扩散层的厚度基本散落在曲线的附近。根据拟合曲线得到不同温度下 A、B 和 C 的值,如表 4.3 所示。A、B 和 C 的数量级与 Laik 等[13]研究不同原子半径的杂质元素在 Zr 中的扩散系数的规律是一致的。

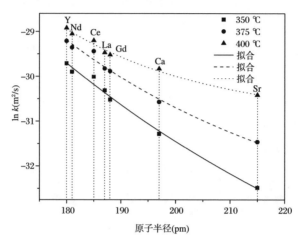

图 4.6　ln k 与 r 的关系

表 4.3　350~400 ℃下 A、B 和 C 对应的值

T(℃)	A	B	C
350	-37.42	4.35	1.28×10^{-2}
375	-33.59	5.25	2.09×10^{-2}
400	-30.96	7.31	3.67×10^{-2}

由 Arrhenius 关系可以知 ln k 与 $1/T$ 满足线性关系,(Mg-40Al)/[Mg-20X (X = Cu、Y、Nd、Ce、La、Gd、Ca、Sr)]扩散偶的 ln k 与 $1/T$ 线性关系如图 4.7 所示。根据等式(2.2)可以计算出扩散层的指前因子和扩散激活能,结果如表 4.4 所示。将扩散激活能与中间合金的合金元素的原子尺寸进行统计发现,扩散激活能与 Y、Nd、Ce、La、Gd、Ca 和 Sr 的原子半径进行线性拟合,发现扩散激活能分布在拟合直线的两侧附近,且拟合直线的 R 值为 0.95649,说明拟合的结果与实验结果很接近,拟合的直线方程为 $y = 2.509x - 394.989$。随着中间合金的合金元素的原子半径增加,扩散层生长的扩散激活能总体呈现增加的趋势,且扩散激活能散落在 $y = 2.509x - 394.989$ 直线附近。

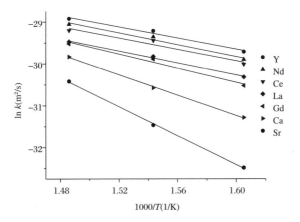

图 4.7　扩散层的 Arrhenius 关系

表 4.4　扩散层的指前因子和扩散激活能

扩 散 偶	$k_0\,(\text{m}^2/\text{s})$	$Q\,(\text{kJ/mol})$
(Mg-40Al)/(Mg-20Cu)	8.01×10^{-5}	113.89
(Mg-40Al)/(Mg-20Y)	5.40×10^{-9}	55.13
(Mg-40Al)/(Mg-20Nd)	9.44×10^{-9}	58.97
(Mg-40Al)/(Mg-20Ce)	9.41×10^{-8}	72.04
(Mg-40Al)/(Mg-20La)	8.22×10^{-4}	79.05
(Mg-40Al)/(Mg-20Gd)	4.29×10^{-8}	70.03
(Mg-40Al)/(Mg-20Ca)	7.77×10^{-6}	101.17
(Mg-40Al)/(Mg-20Sr)	8.96×10^{-3}	143.91

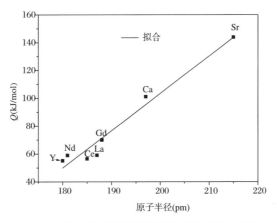

图 4.8　扩散层生长常数的激活与原子半径的关系

　　上面研究结果发现在(Mg-40Al)/[Mg-20X(X = Cu、Y、Nd、Ce、La、Gd、Ca、Sr)]扩散偶中,随着扩散偶中的镁中间合金中合金元素的原子半径增加,扩散层的厚度逐渐减少。这可能与合金元素在各扩散层的中扩散系数有关。因此,需要对合金元素在扩散层中的扩散系数进行研究。图 4.3 为各扩散偶在 400 ℃下保温72 h的界面处的成分轮廓图。于是根据浓度曲线计算 Al 元素在扩散层中的互扩散系数。

　　由公式(2.13)和式(2.14)分别计算了 Al 在扩散层中的扩散系数。表 4.5 为Al 在整个扩散层的互扩散系数的指前因子和扩散激活能。从表中可以看出,(Mg-40Al)/[Mg-20X(X = Y、Nd、Ce、La、Gd、Ca、Sr)]扩散偶中随着原子半径的增加:

表 4.5　(Mg-40Al)/(Mg-20X(X = Y、Nd、Ce、La、Gd、Ca、Sr))扩散偶中 Al
在扩散层中的互扩散系数、指前因子和扩散激活能

扩散偶	$T(℃)$	$\widetilde{D}^{\text{Int,Total}}(\text{m}^2/\text{s})$	$\widetilde{D}_0^{\text{Int,Total}}(\text{m}^2/\text{s})$	$\widetilde{Q}_i^{\text{Int,Total}}(\text{kJ/mol})$
(Mg-40Al)/(Mg-20Y)	350	2.39×10^{-13}		
	375	5.25×10^{-13}	8.16×10^{-5}	101.73
	400	1.03×10^{-12}		
(Mg-40Al)/(Mg-20Nd)	350	2.78×10^{-13}		
	375	4.69×10^{-13}	4.47×10^{-7}	74.07
	400	8.05×10^{-13}		
(Mg-40Al)/(Mg-20Ce)	350	2.04×10^{-13}		
	375	3.07×10^{-13}	7.37×10^{-7}	78.51
	400	6.32×10^{-13}		
(Mg-40Al)/(Mg-20La)	350	1.93×10^{-13}		
	375	2.48×10^{-13}	7.60×10^{-8}	67.15
	400	5.09×10^{-13}		
(Mg-40Al)/(Mg-20Gd)	350	1.24×10^{-13}		
	375	2.15×10^{-13}	4.80×10^{-6}	90.71
	400	4.57×10^{-13}		
(Mg-40Al)/(Mg-20Ca)	350	1.93×10^{-14}		
	375	3.70×10^{-14}	1.16×10^{-7}	80.77
	400	6.14×10^{-14}		
(Mg-40Al)/(Mg-20Sr)	350	1.31×10^{-14}		
	375	2.68×10^{-14}	2.45×10^{-7}	86.62
	400	4.53×10^{-14}		

$r_Y < r_{Nd} < r_{Ce} < r_{La} < r_{Gd} < r_{Ca} < r_{Sr}$，Al 元素在扩散层中的互扩散系数逐渐减少：$\tilde{D}_Y^{Al} < \tilde{D}_{Nd}^{Al} < \tilde{D}_{Ce}^{Al} < \tilde{D}_{La}^{Al} < \tilde{D}_{Gd}^{Al} < \tilde{D}_{Ca}^{Al} < \tilde{D}_{Sr}^{Al}$。因此，各扩散偶中扩散层的厚度随着 Mg-20X（X = Y、Nd、Ce、La、Gd、Ca、Sr）基体中合金元素的原子半径的增加而减少。各扩散偶的扩散激活能随镁中间合金中合金元素的原子半径的变化没有明显的规律，但是扩散激活值的接近。

本 章 小 结

本章主要利用(Mg-40Al)/(Mg-20X(X = Cu、Y、Nd、Ce、La、Gd、Ca、Sr))扩散偶，构建了一系列合金元素的原子半径不同的镁中间合金的扩散偶，在 350～400 ℃下研究了原子尺寸效应对合金元素在镁中的扩散行为影响。当 $r_{Cu} < r_{Al}$ 时，在(Mg-40Al)/(Mg-20Cu)扩散偶中，Mg-20Cu 基体侧形成了明显的贫铜层，在整个扩散过程中 Cu 元素占主导作用。当 $r_{Al} < r_Y < r_{Nd} < r_{Ce} < r_{La} < r_{Gd} < r_{Ca} < r_{Sr}$ 时，在(Mg-40Al)/[Mg-20X(X = Y、Nd、Ce、La、Gd、Ca、Sr)]扩散偶退火之后都有明显的扩散层生成，且在靠近 Mg-40Al 基体处均有贫铝层生成。在各扩散偶的扩散过程中，Al 元素占主导作用。Mg-40Al 基体中的 Al 原子扩散，导致贫铝层的形成，然而，Mg-20X(X = Y、Nd、Ce、La、Gd、Ca、Sr)中的 Y、Nd、Ce、La、Gd、Ca 和 Sr 原子均未向 Mg-40Al 基体中扩散。随着 Mg-20X(X = Y、Nd、Ce、La、Gd、Ca、Sr) 镁中间合金的合金元素的原子半径增加：$r_Y < r_{Nd} < r_{Ce} < r_{La} < r_{Gd} < r_{Ca} < r_{Sr}$，(Mg-40Al)/[Mg-20X(X = Y、Nd、Ce、La、Gd、Ca、Sr)]扩散偶中扩散层的厚度逐渐减少：$d_Y > d_{Nd} > d_{Ce} > d_{La} > d_{Gd} > d_{Ca} > d_{Sr}$。扩散层的生长常数与合金元素的原子半径满足 $\ln k = A + \exp(B-Cr)$ 关系。随着中间合金的合金元素的原子半径增加，扩散层生长的扩散激活能总体呈增长的趋势，且分布在 $y = 2.509x - 394.989$ 直线附近。

参 考 文 献

［1］　Hahn H, Averback R S. Dependence of tracer diffusion on atomic size in amorphous Ni-Zr[J]. Physical Review B Condensed Matter，1988, 37(11)：6533-6535.

［2］　Sharma S K, Macht M, Naundorf V V. Size dependence of tracer - impurity diffusion in amorphous Ti60Ni40[J]. Physical Review B Condensed Matter，1992, 46(5)：3147-3150.

［3］　Laik A, Bhanumurthy K, Kale G B. Single - phase diffusion study in β - Zr(Al)[J]. Journal of Nuclear Materials，2002, 305(2)：124-133.

［4］　Okamoto H. Al-Mg (Aluminum-Magnesium)[J]. Journal of Phase Equilibria and Diffusion, 1998, 19(6): 598-598.

[5]　Okamoto H. Ca-Mg (Calcium-Magnesium)[J]. Journal of Phase Equilibria and Diffusion, 1998, 19(5): 490.

[6]　Nayeb-Hashemi A A, Clark J B. The Ce-Mg (Cerium-Magnesium) system[J]. Journal of Phase Equilibria and Diffusion, 1988, 9(2): 162-172.

[7]　Okamoto H. La-Mg (Lanthanum-Magnesium)[J]. Journal of Phase Equilibria and Diffusion, 2013, 34(27): 550-550.

[8]　Okamoto H. Mg-Nd (Magnesium-Neodymium)[J]. Journal of Phase Equilibria and Diffusion, 1991, 12(2): 249-250.

[9]　Predel B. Mg-Y (Magnesium-Yttrium)[J]. Journal of Phase Equilibria and Diffusion, 1992, 31(2): 199-199.

[10]　Okamoto H. Gd-Mg (Gadolinium-Magnesium)[J]. Journal of Phase Equilibria and Diffusion, 1993, 14(4): 534-535.

[11]　Nayeb-Hashemi A A, Clark J B. The Mg-Sr (Magnesium-Strontium) system[J]. Bulletin of Alloy Phase Diagrams, 1986, 7(2): 149-156.

[12]　Hood G. An atom size effect in tracer diffusion[J]. Journal of Physics F: Metal Physics, 1978, 8(8):1677.

[13]　Laik A, Bhanumurthy K, Kale G. Single-phase diffusion study in β-Zr (Al)[J]. J Nucl Mater, 2002, 305(2): 124-133.

第 5 章   杂质元素 Fe 在 Mg 中的扩散行为

5.1   Fe 在 Mg 和 Mg-Mn 熔体中的扩散行为

镁合金可以减轻重量和节约能源,因此,在汽车和航空航天工业中越来越受到人们的关注。[1-3] 然而,由于镁合金含有 Fe、Ni、Cu、Co 不溶或难溶于 Mg 的有害杂质元素,使得镁合金的耐腐蚀性差,从而限制了镁合金的应用。[4-7] 它们在 Mg 基体中形成孤立的微颗粒,导致在浸泡或曝露的条件下出现严重的局部腐蚀。因为在镁合金的加工制备过程很容易引入 Fe 元素,所以 Fe 是镁合金中最常见的有害元素。因此,可以通过工艺措施控制和去除镁合金中的 Fe 元素,从而改善镁合金的耐腐蚀性,促进镁合金的广泛应用。[8-9]

以前的研究表明,向 Mg 熔体中添加 Mn 元素可以有效地去除的杂质元素铁在镁合金的不利影响。[8] 实验证明镁合金中 Mn 在 Fe 颗粒的周围形成一层反应层将 Fe 颗粒包裹起来,从而有效地将 Fe 颗粒和 Mg 基体隔开,避免 Fe 与 Mg 的直接接触。[10-11] Pierre 等[12] 利用扩散偶的方法研究了 727 ℃ 下中碳钢与 Mg-Mn 熔体的界面反应,当 Mn 含量为 1.3%(原子百分数)时,在中碳钢的表面形成了连续的 β-Mn(Fe) 的反应层。Pavlinov 等[13] 利用同位素示踪的方法研究了 400～600 ℃ 下 Fe 在 Mg 中的扩散系数。Zhou 等[14] 利用第一原理计算与过渡态理论和 8-频率模型计算 Fe 在 Mg 稀溶质的扩散系数。然而,没有对 Mg 和 Mg-Mn 熔体中的铁杂质扩散系数进行测量,这与 Mg 熔体中有害 Fe 杂质的去除有关。

本节主要利用固/液扩散偶研究 720～800 ℃ 范围内 Mn 对 Mg 熔体中 Fe 扩散行为的影响。

5.1.1   Fe 与 Mg 熔体固/液扩散偶制备和测试分析方法

实验材料为纯 Mg(99.99%)、纯 Fe(99.8%),Mg-1Mn(Mg-1%Mn)和 Mg-2Mn(Mg-2%Mn)(质量百分数)。先分别将 Mg、Mg-1Mn 和 Mg-2Mn 合金放入 ⌀9 mm×20 mm 的刚玉坩埚中,在六氟化硫和二氧化碳的混合保护气体下熔化。

用200～1000粒度的砂纸把2 mm×2 mm×25 mm的Fe条的表面氧化膜打磨干净,然后迅速将Fe条插入Mg、Mg-1Mn和Mg-2Mn熔体中并将Fe条固定在预先准备好的支架上。图5.1为扩散装置的示意图。在720 ℃、760 ℃和800 ℃保温60 min后将试样连同坩埚一起取出并在水中淬火。将淬火后的扩散偶试样,垂直Fe条插入的方向进行预磨,然后用400～1000粒度的砂纸水磨,得到金相试样,将制备好的金相试样在SEM下进行组织观察和EDS成分分析,利用原子探针扫描(EPMA)测量界面附近镁合金中Fe元素浓度分布,EPMA的加速电压为15 kV,束流为$1.53×10^{-7}$ A,光斑直径约为1 μm。

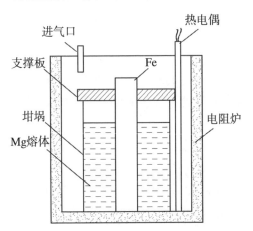

图5.1　Fe/Mg扩散偶制备的示意图

5.1.2　扩散层微观组织分析

图5.2为Fe和Mg-(0,1,2)Mn在720 ℃,760 ℃和800 ℃保温60 min的界面背散射照片。从图中可以看出,在Fe/Mg扩散偶之间没有扩散层生成,可能是因为Fe和Mg几乎不反应。在800 ℃下的Fe/Mg扩散偶的Mg基体上可以看到有大量的Fe颗粒,这说明大量的Fe原子越过界面向Mg熔体中扩散,然而在800 ℃下Fe在Mg中溶解度为0.03%(原子百分数),因此,Fe在Mg熔体难以溶解,主要以颗粒状的铁单质形式存在。在Fe/Mg-(1,2)Mn扩散偶中有连续的扩散层生成,由图5.3可知,可能是因为Mn在Fe中的固溶度远大于Mn在Mg中的固溶度[9,15],同时Fe-Mn的化学位比Mg-Mn的化学位要低[16],从而导致了Mg-Mn熔体中的Mn原子通过扩散迅速向Fe基体周围聚集,随着时间的延长,逐渐在Fe基体周围形成了明显的扩散层。扩散层的厚度随着温度升高增加不明显,但随着Mn含量的增加扩散层明显增加,可能是Mg熔体中Mn浓度越高向Fe基体周围扩散的Mn元素更多,使得扩散层的厚度增加。扩散层像胶囊一样将Fe基体包覆可能

会阻碍 Fe 原子向 Mg 熔体中扩散。因此,需要进一步研究 Fe 在 Mg-(0,1,2)Mn
熔体中的扩散行为。

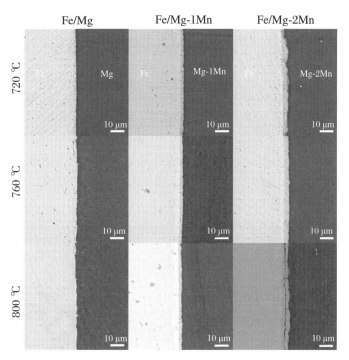

图 5.2　Fe/Mg-(0,1,2)Mn 扩散偶在 720 ℃,760 ℃和 800 ℃保温 60 min 的背散射照片

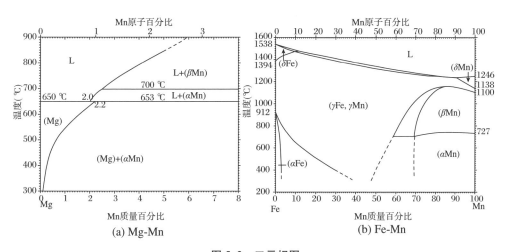

图 5.3　二元相图

5.1.3　扩散偶界面分析

图 5.4 为 Fe/Mg-(0，1，2)Mn 扩散偶在 760 ℃保温 60 min 的界面处进行的线扫描。从图 5.4(a)可以看出，在 Fe/Mg 扩散偶界面处没有反应层生成。图 5.4(b)～(c)可以看出，在 Fe/Mg-(1，2)Mn 扩散偶的固/液界面处有大量 Mn 元素的富集。A 点的 EDS 结果显示有一个较强的 Fe 峰，而 B 点 EDS 显示有一个较强的 Mn 峰。A 点和 B 点 Mn 含量的原子百分数分别为 51.02%和 82.16%。图 5.5 为扩散偶界面上的元素扩散的示意图，镁合金熔体中的 Mn 原子扩散到铁基体中，而铁基体中的 Fe 原子并没有扩散到镁合金熔体中，这可能与 Mn 和 Fe 的状态有关，Mg-Mn 熔体中的 Mn 原子比固体铁基体中的 Fe 原子更有活性。同时，扩散层可能阻碍 Fe 原子扩散到 Mg-Mn 熔体中。

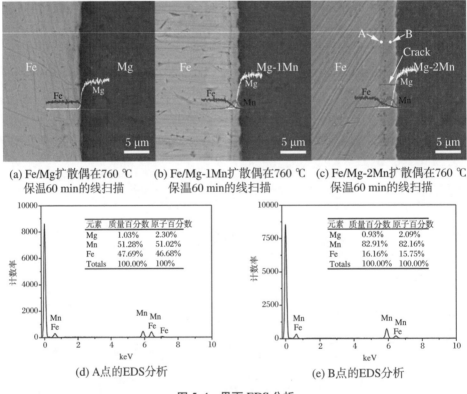

(a) Fe/Mg扩散偶在760 ℃　　　(b) Fe/Mg-1Mn扩散偶在760 ℃　　(c) Fe/Mg-2Mn扩散偶在760 ℃
　　保温60 min的线扫描　　　　　　保温60 min的线扫描　　　　　　保温60 min的线扫描

(d) A点的EDS分析　　　　　　　　　　　　　　(e) B点的EDS分析

图 5.4　界面 EDS 分析

图 5.6 中 A 点和 B 点的 EPMA 的测量结果如表 5.1 所示，A 点和 B 点的 Mn 元素含量，这与 EDS 的结果基本一致。在 720～800 ℃下，2% Mn(质量百分数)完全固溶于镁熔体中，理论计算和以往的工作表明，在 Mg 和 Mn 之间没有形成金属间相(见

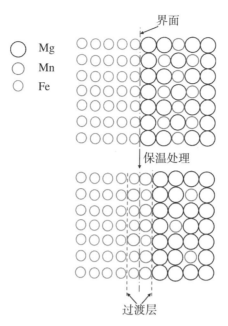

图 5.5　界面处元素扩散的示意图

图 5.3)，Fe 在 Mg 熔体中的溶解度较低，然而，Mn 和 Fe 的反应，在保温过程中 Mn 会向 Fe 周围扩散。结合 Fe-Mn 相图和文献，我们可以推断反应层有两个亚层：γ-FeMn，β-Mn(Fe)。图 5.6 中可以看出在 Fe/Mg-2Mn 界面处有少量的径向裂，这可能是 β-Mn/α-Mn 相转变过程中形成的。结合 Fe 在 Mg-(0，1，2)Mn 熔体中的微观组织和浓度曲线，我们可以推断 Mn 在 Fe 周围富集形成反应层可以阻碍 Fe 元素向 Mg 熔体中扩散。扩散层越厚，Mn 在 Fe 表面富集得越多，这样就可以固溶更多的 Fe 元素，从而有效地阻碍 Fe 元素向 Mg 熔体扩散。

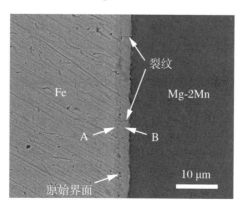

图 5.6　Fe/(Mg-2Mn)扩散偶在 760 ℃下处理 60 min 后的背散射照片

表 5.1　图 5.6 的 A 点和 B 点的 EPMA 结果(原子百分数)

点	Mg	Mn	Fe	相
A	1.04%	47.72%	51.24%	$\gamma\text{-}(Fe, Mn)$
B	2.69%	88.82%	8.49%	$\beta\text{-}Mn(Fe)$

5.1.4　Fe 元素在 Mg 熔体中的扩散系数

为研究 Mg 熔体中 Mn 元素的添加对 Fe 元素的扩散的影响,于是对 Fe/Mg-(0,1,2)Mn 扩散偶界面处 Fe 元素的浓度利用 EDS 进行了测定。图 5.7(a)~(c)为 720~800 ℃范围内 Fe 在 Mg-(0,1,2)Mn 熔体中的浓度曲线,从图中可以看出在同一温度下随着 Mn 元素的增加,Fe 元素在镁熔体中的浓度曲线逐渐下移,说明距离界面相同位置处的 Fe 元素含量随着 Mn 元素的添加而逐渐降低,扩散的最终距离也逐渐缩短,说明随着 Mn 元素含量的增加,Fe 元素在 Mg 熔体中的扩散速率降低。为了定量地分析 Mn 元素对 Fe 元素在镁熔体中的扩散速率,于是对 Fe 在镁熔体中的扩散系数进行了计算。

假设在 Fe/Mg-(0,1,2)Mn 扩散偶界面之间是静止不动的,任一点的浓度随着时间改变而改变,就可以利用 Fick 第二定律进行计算:

$$\frac{\partial c}{\partial t} = \frac{\partial}{\partial x}\left(D\frac{\partial c}{\partial x}\right) \tag{5.1}$$

其中,c 为浓度,t 为退火时间,x 距离,D 为扩散系数。

边界条件为

$$c = 0, \quad x > m, t = 0 \tag{5.2}$$

$$c = c_{ie}, \quad x = m, t > 0 \tag{5.3}$$

$$x \to \infty, \quad \frac{\partial c}{\partial x} = 0 \tag{5.4}$$

当 m 反应层与 Mg-(0,1,2)Mn 熔体的界面处,c_{ie} 反应层与 Mg-(0,1,2)Mn 熔体的界面处的 Fe 元素浓度。

误差形式的解为

$$\frac{c(x)}{c_{ie}} = 1 - \mathrm{erf}\left(\frac{x}{2\sqrt{Dt}}\right) \tag{5.5}$$

其中,$c(x)$ 为扩散 t 之后在 x 处的 Fe 元素的浓度。扩散系数符合 Arrhenius 关系:

$$\ln D = \ln D_0 - \frac{Q_0}{RT} \tag{5.6}$$

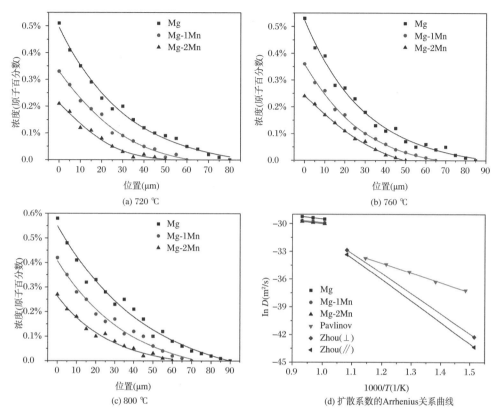

图 5.7　Fe 在 Mg-(0，1，2)Mn 熔体中在实验温度下保温 60 min 的浓度曲线和扩散系数的 Arrhenius 关系曲线比较

图 5.7(d)为本实验扩散系数的 Arrhenius 关系与之前研究的比较。通过 Fe 在 Mg-(0，1，2)Mn 熔体中的浓度曲线和 Arrhenius 关系，结合公式(5.5)和式(5.6)可以计算得到扩散系数、扩散激活能和指前因子，表 5.2 为计算结果。从结果中可以看出，Fe 在 Mg-(0，1，2)Mn 熔体中的扩散系数在相同温度下随着 Mn 含量的增加而减少。然而，在相同 Mn 含量的熔体中随着温度的增加扩散系数增加，可能原因是同一温度下随着 Mn 含量的增加，扩散层厚度增加，从而阻碍 Fe 原子向 Mg 熔体中扩散。Fe 在 Mg-(0，1，2)Mn 熔体中指前因子为同一个数量级，扩散激活能基本接近。与 Pavlinov 等[13]和 Zhou 等[14]研究得到的扩散激活能相比本实验的扩散激活能明显要小，是因为 Pavlinov 等[13]和 Zhou 等[14]主要研究 Fe 在固态 Mg 中的扩散，而本实验研究的是 Fe 在 Mg 熔体中的扩散。

表 5.2　Fe 在 Mg-(0，1，2)Mn 熔体中的扩散系数、指前因子和扩散激活能

合金	$T(℃)$	$D(m^2/s)$	$D_0(m^2/s)$	$Q(kJ/mol)$
Mg	720	$1.56(±0.52)×10^{-13}$		
	760	$1.73(±0.55)×10^{-13}$	$8.05(±0.43)×10^{-12}$	$29.72±7.58$
	800	$1.99(±0.78)×10^{-13}$		
Mn-1Mn	720	$1.07(±0.07)×10^{-13}$		
	760	$1.16(±0.36)×10^{-13}$	$2.53(±0.08)×10^{-12}$	$26.71±1.27$
	800	$1.27(±0.21)×10^{-13}$		
Mn-2Mn	720	$9.13(±0.21)×10^{-14}$		
	760	$1.04(±0.43)×10^{-13}$	$2.25(±0.01)×10^{-12}$	$26.67±3.19$
	800	$1.16(±0.27)×10^{-13}$		

5.2　AZ91D 镁合金熔体与低碳钢的界面扩散反应

　　Mg 和镁合金由于其低密度和高比强度,已被广泛认为是降低电动汽车、高速列车和飞机重量和燃料消耗的重要材料。[17-19]然而,冶炼过程中的冶金质量直接影响 Mg 和镁合金随后的腐蚀和机械性能。[20-21]因此,Mg 及镁合金的冶炼就显得尤为重要。镁合金通常用低碳钢坩埚冶炼。[22-25]Mg 和镁合金中加入适量的锰能有效提高 Fe 含量的阈值,因此,镁合金中 Fe 的含量可以通过添加 Mn 来控制。[26-28]然而,AM 和 AZ 镁合金中的合金元素,例如 Al 和 Mn,可以与低碳钢在高温下反应生成 Al-Fe（-Mn）金属间化合物。[29-32]同时,坩埚中的 Fe 可能扩散到 Mg 熔体中[24, 33-36],导致合金成分发生显著变化,Fe 含量增加,并对镁合金产生其他不利影响。因此,镁合金的力学性能和腐蚀将会降低。[37-43]此外,界面反应会导致坩埚逐渐腐蚀,从而降低坩埚的使用寿命。[24]

　　文献报道了 Mg 熔体与 Fe 的界面反应。Pierre 等[44]研究了低碳钢和液态 Mg-Mn合金在 727 ℃时的界面相互作用。Dai 等[40]在 720 ℃、760 ℃和 800 ℃条件下,利用扩散偶研究了 Mn 对 Mg 及镁锰合金熔体中铁扩散行为的影响。Tani-nouchi 等[36, 45-46]对纯 Mg 与坩埚之间的界面进行了表征,定量分析了 Fe、Ni、Cr 元素在 Fe 和钢材料中在液态 Mg 中的溶解情况,对镁合金生产中杂质的控制具有重要意义。Scharf 等[31]通过对 AZ91 和 AS31 镁合金反应的研究,研究了坩埚合金钢与镁合金熔体之间金属间化合物层的形成和扩散层的厚度,并测定了 AZ91 和 AS31 镁合金熔体的 Fe 含量。Peng 等[32]系统地研究了 Fe-(0～3.6%) C 合金

与 AZ91 在 700~800 ℃ 温度下界面形成 $AlFe_3C$ 和 Al_2MgC_2 的过程。然而,迄今为止,对 Mg 熔体与 Fe 坩埚的界面反应动力学以及 Mg 熔体在低碳钢坩埚中的除铁行为还没有系统的研究报道,但这对认识低碳钢坩埚中铁的损失和 Mg 熔体的 Fe 含量的控制具有重要意义。因此,有必要研究镁合金熔炼过程中 Mg 熔体与坩埚之间的界面反应,以及镁合金熔炼过程中 Fe 含量随温度和保温时间的变化规律。

本章选用 AZ91 镁合金,在 700~800 ℃ 温度下置于低碳钢坩埚中 4~16 h。研究了 AZ91 与低碳钢坩埚界面处金属间化合物反应层的显微组织、元素扩散行为和扩散层的生长动力学,测定了 AZ91 镁合金中的 Fe 含量。

5.2.1　AZ91D 镁合金熔体与低碳钢扩散偶制备和测试分析方法

利用电感耦合等离子体发射光谱法(ICP-OES)测定了商用 AZ91D 和低碳钢的成分,结果列于表 5.3。利用线切割加工将 AZ91D 加工成直径为 14.5 mm、长为 32 mm 的棒。利用车削加工将低碳钢棒被加工成外径为 20 mm,内径为 15 mm,深度 30 mm 的坩埚。熔化过程中所用的实验装置如图 5.8(a)所示,AZ91D 棒被放置在低碳钢坩埚内,坩埚密封在石英管中,将石英管内先抽真空,然后充入 Ar 进行回填,再将石英管密封,避免 AZ91D 镁合金在熔化过程中氧化和燃烧。将密封好的石英管放入热处理炉中,在 700 ℃、750 ℃ 和 800 ℃ 三个温度下均保温 4~16 h,每隔 4 h 取一次样品,保温完成后将装有试样的石英管从热处理炉中取出,并迅速放入冷水中进行淬火,图 5.8(b)为热处理之后凝固试样。为了表征 AZ91D 的微观结构和 Fe 含量,在距离坩埚底部 12 mm 的位置,沿坩埚轴线的垂直方向上利用线切割加工一片 5 mm 厚的样品。然后在 5 mm 厚的试样中心切割出一个直径为 7 mm 的圆柱体,机加工过程如图 5.9 所示。沿含有 AZ91D 和低碳钢坩埚的 5 mm 厚试样的横截面法制备了用于界面微观结构观察的样品,将试样的横截面研磨并抛光至 2000 目砂纸,用 4%(体积百分数)硝酸 + 乙醇溶液进行腐蚀。采用光学显微镜(OM)和配备能谱仪(EDS)的扫描电子显微镜(SEM)对试样的界面微观组织进行表征。采用电子探针扫描(EPMA)测定了界面相的成分。扩散层的厚度是在扫描电镜图像中选择扩散层十个不同位置的厚度的平均值来确定的。

表 5.3　AZ91D 和低碳钢的化学成分(质量百分数)

	Al	Zn	Mn	Fe	Si	Ni	Cu	Mg	Cr	C	S	P
AZ91D	9.5%	0.58%	0.25%	0.004%	0.08%	0.001%	0.002%	其他	—	—	—	—
低碳钢	—	—	0.45%	其他	0.3%	0.19%	0.20%		0.19%	0.21%	0.003%	0.0031%

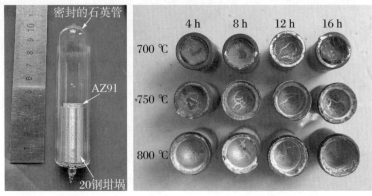

(a) AZ91D熔炼的实验装置　　　　　(b) 凝固试样

图 5.8　AZ91D 熔炼的实验装置和凝固试样

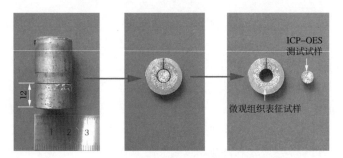

图 5.9　机加工示意图

5.2.2　AZ91D 与低碳钢坩埚的界面组织

AZ91D 和低碳钢坩埚界面的金相照片，如图 5.10 所示。结果表明，界面附近的低碳钢坩埚中珠光体数量明显减少，在低碳钢侧表面形成清晰的脱碳层。这种脱碳是由于在高温下低碳钢中的碳燃烧造成的。同时，在界面处可以发现形成了金属间化合物层，而形成的金属间化合物层位于低碳钢基体侧。

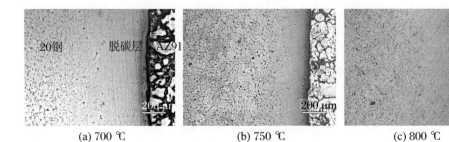

(a) 700 ℃　　　　　(b) 750 ℃　　　　　(c) 800 ℃

图 5.10　AZ91D 与低碳钢界面在实验温度下保温 16 h 的金相照片

　　图 5.11 为 AZ91D 与低碳钢界面处形成的金属间化合物层的背散射电子显微照片。结果表明,在 700 ℃ 和 750 ℃ 时,界面处金属间化合物层的形貌有明显的分层现象。此外,在 700 ℃ 和 750 ℃ 时,金属间化合物层中存在大量的黑色蠕虫状结构,而在 800 ℃ 时没有黑色蠕虫状结构存在,但是形成的金属间化合物层与低碳钢具有相近的原子对比。为了确定 800 ℃ 下金属间化合物层的组成,我们对 800 ℃ 下保温 4～16 h AZ91D 与低碳钢之间的界面进行了元素线扫描,扫描结果如图 5.12 所示,可以看出,Al 通过原始的界面扩散到低碳钢坩埚的内部,其含量逐渐减少。因此,对于保温时间分别为 4 h、8 h、12 h 和 16 h 的样品,由 Al 含量估算金属间化合物层的厚度,分别约为 28 μm、39 μm、48 μm 和 55 μm。总之,随着保温温度和保温时间的增加,AZ91D 与低碳钢界面处金属间化合物层的厚度增加。

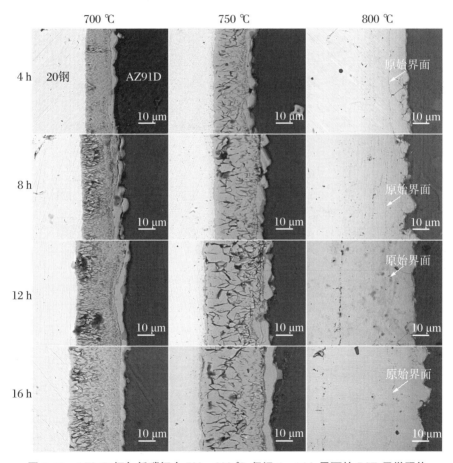

图 5.11　AZ91D 钢与低碳钢在 700～800 ℃ 保温 4～16 h 界面的 BSE 显微照片

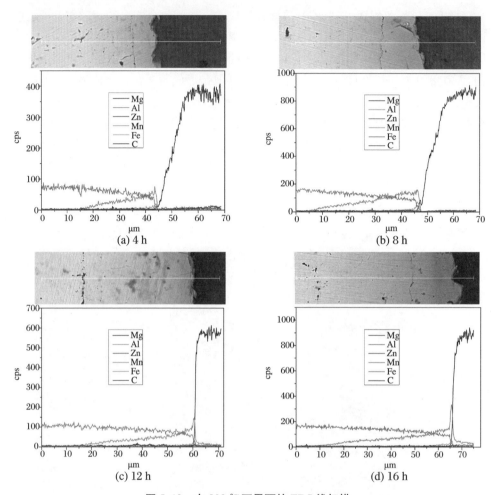

图 5.12　在 800 ℃下界面的 EDS 线扫描

　　图 5.13 为 AZ91D 与低碳钢坩埚在 700～800 ℃保温 16 h 时界面处 Fe、Al、Mn、Zn、Mg、C、Zn 原子浓度的 EDS 面扫描。可以清楚地看出,界面反应层中的主要元素是 Al 和 Mn,而不是 Mg 和 Zn。结果表明:在熔炼和保温过程中,AZ91D 中的 Al 和 Mn 扩散到铁坩埚表面富集,并与 Fe 反应形成金属间化合物反应层,Mg 和 Zn 元素未富集到铁坩埚表面。这可能是因为 Fe-Al 和 Fe-Mn 的二元生成热明显低于 Fe-Mg 和 Fe-Zn。[47]因此,在整个界面反应过程中,Al 和 Mn 是主要的扩散元素。该实验结果与文献报道[48]一致。在 700 ℃和 750 ℃时,AZ91D 基体界面附近有明显的碳富集,这可能是由于低碳钢坩埚表面脱碳所致的。虽然在 800 ℃时低碳钢坩埚表面脱碳,但碳在 AZ91D 中的溶解增加了[49-50],所以在 800 ℃时界面处没有明显的碳富集。

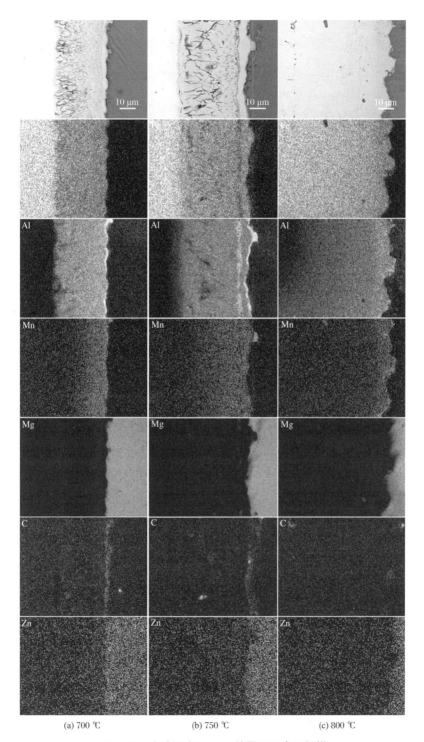

(a) 700 ℃　　　　　　(b) 750 ℃　　　　　　(c) 800 ℃

图 5.13　实验温度下 16 h 的界面元素面扫描

图 5.12(d) 和图 5.14 通过线扫描分析了 AZ91D 与低碳钢坩埚在 700 ℃、750 ℃和 800 ℃温度下保温 16 h 时的界面元素分布情况。可以看出，在 700 ℃和 750 ℃时，Fe 和 Al 元素从两侧基体向反应层过渡时发生了明显的突变，其在反应层中的浓度基本保持在一个相对稳定的范围内，Mn 元素从 AZ91D 基体向低碳钢坩埚侧逐渐下降，在反应层中间下降到最低。而在 800 ℃时，在坩埚基体与反应层之间的过渡处，Fe 和 Al 元素没有明显的突变，基本呈线性下降趋势。

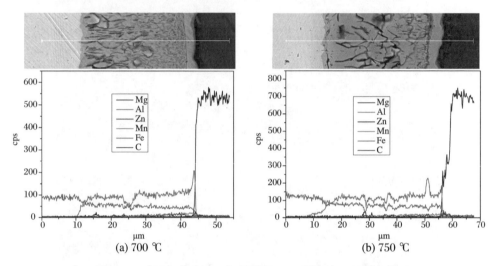

(a) 700 ℃　　　　　　　　　　(b) 750 ℃

图 5.14　在 700 ℃和 750 ℃下保温 16 h 界面的 EDS 线扫描

表 5.4 为图 5.15 中位置 1~15 的 EPMA 定量分析结果。根据文献[9]研究结果和 EPMA 结果的原子比对 AZ91D 与低碳钢界面处的相组成进行分析，确定了这 15 个点对应的相。可以看出，反应层主要是 Al(Fe，Mn)。在 700 ℃和 750 ℃下，反应层含有黑色的条状 Al_2MgC_2 碳化物。在 Al(Fe，Mn) 层的底部形成了一层 $Al_8(Mn，Fe)_5$。在 Al(Fe，Mn) 和 Fe 之间，在 700 ℃和 750 ℃下出现了一层薄薄的 $AlFe_3C$ 层，但在 800 ℃时不存在。在 700 ℃和 750 ℃时，有可能在实验开始时就有足够的 Al 扩散到低碳钢中，超过了 Al 在铁中的局部溶解度，低碳钢表面脱碳导致碳向界面扩散，从而形成 $AlFe_3C$ 相。相比之下，Al 更容易溶于 Fe，C 可能在 800 ℃时扩散并溶解在 Fe 中，而之前，足够的 Al 已经扩散到低碳钢中。此外，虽然低碳钢表面脱碳，但碳在 800 ℃的 AZ91 液中的溶解度更高。[51-52]因此，在 800 ℃时，$AlFe_3C$ 相最终不能形成。文献中 Mg 熔体与碳钢之间的界面反应[25, 53]，以及热浸镀铁碳合金与液态铝合金之间的界面反应[54-57]也得到了类似的结果。

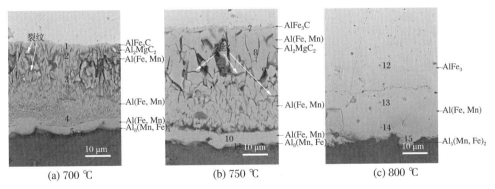

(a) 700 ℃ (b) 750 ℃ (c) 800 ℃

图 5.15 在实验温度下保温 16 h 界面形成的金属间化合物层的相组成

表 5.4 图 5.15 中 1～15 点的 EPMA 结果(原子百分数)

点	C	Mn	Al	Fe	Mg	相组成
1	26.212%	0.308%	15.837%	54.869%	2.774%	$AlFe_3C$
2	18.684%	0.495%	37.474%	29.742%	13.605%	Al_2MgC_2
3	3.673%	1.918%	46.347%	47.262%	0.8%	Al(Fe,Mn)
4	1.871%	4.293%	49.591%	40.578%	3.667%	Al(Fe,Mn)
5	2.001%	10.626%	45.623%	39.141%	2.609%	Al(Fe,Mn)
6	1.973%	8.144%	59.444%	27.379%	3.06%	$Al_8(Mn,Fe)_5$
7	20.721%	0.637%	19.131%	57.219%	2.292%	$AlFe_3C$
8	16.781%	1.269%	39.559%	32.735%	9.656%	Al_2MgC_2
9	3.134%	6.815%	45.625%	43.346%	1.08%	Al(Fe,Mn)
10	2.774%	8.802%	46.152%	42.108%	0.164%	Al(Fe,Mn)
11	4.001%	12.646%	57.952%	22.898%	2.503%	$Al_8(Mn,Fe)_5$
12	2.615%	1.294%	21.023%	74.978%	0.09%	$AlFe_3$
13	6.038%	2.868%	30.144%	60.865%	0.085%	Al(Fe,Mn)
14	2.945%	8.146%	45.323%	43.411%	0.175%	Al(Fe,Mn)
15	3.308%	7.701%	64.537%	21.193%	3.261%	$Al_5(Mn,Fe)_2$

5.2.3 金属间化合物层生长动力学

在三个温度下,AZ91D 与低碳钢界面处的金属间化合物层厚度(d)与时间的开平方($t^{1/2}$)呈线性关系,如图 5.16 所示,说明 AZ91D 与低碳钢界面处金属间化合物层的生长受扩散机制控制。数据完全符合抛物线:

$$d = \sqrt{kt} \tag{5.7}$$

其中,k 为生长常数。

图 5.17 显示了 $\ln(k)$ 与 $1/T$ 的关系图,T 为熔炼温度。此外,金属间化合物层生长的激活能可以用 Arrhenius 关系来计算:

$$k = k_0 \exp\left(-\frac{Q}{RT}\right) \tag{5.8}$$

其中,Q 是活化能,k_0 是生长频率因子,R 是气体常数。表 5.5 列出了金属间化合物层生长所确定的激活能和生长频率因子。可以看出,金属间化合物层的生长常数随熔炼温度的升高而增大。从 700 ℃时的 $1.89(\pm0.03)\times10^{-12}$ 增加到 750 ℃时的 $3.05(\pm0.05)\times10^{-12}$ 和 800 ℃时的 $5.18(\pm0.05)\times10^{-12}$。本研究中生长常数的数量级与文献报道[29]一致。

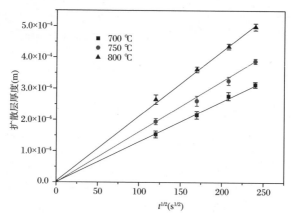

图 5.16　不同温度和时间下金属间化合物层的生长情况

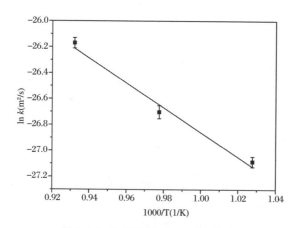

图 5.17　k 与 T 的 Arrhenius 关系

表 5.5 金属间化合物层的动力学参数

$T(℃)$	$k(\mathrm{m}^2/\mathrm{s})$	$k_0(\mathrm{m}^2/\mathrm{s})$	Q (kJ/mol)
700	$1.89(\pm0.03)\times10^{-12}$		
750	$3.05(\pm0.05)\times10^{-12}$	$9.31(\pm0.59)\times10^{-8}$	87.43 ± 4.98
800	$5.18(\pm0.05)\times10^{-12}$		

5.2.4 AZ91D 镁合金中 Fe 的含量分析

为了研究低碳钢坩埚中 Fe 在 AZ91D 熔体中的溶解情况,采用 ICP-OES 法测定了凝固 AZ91D 铸锭中的 Fe 含量(ppm,ppm 为 mg/kg 或 mg/L)。AZ91D 中 Fe 元素的含量如表 5.4 所示。图 5.18 显示了不同温度和时间下 AZ91D 中 Fe 含量的变化。在 700~800 ℃范围内,AZ91D 中的 Fe 含量随时间的增加而增加,且随着温度的升高 AZ91D 中的 Fe 含量越高。而在 800 ℃保温 8 h 之前,AZ91D 中的 Fe 含量与 750 ℃时基本相同。保温 8 h 后,AZ91D 中的 Fe 含量较 750 ℃保温 8 h 显著增加。综上所述,随着熔炼温度和保温时间的增加,AZ91 中的 Fe 含量增加。因此,为了防止坩埚在冶炼过程中发生高温氧化和坩埚中的 Fe 溶入镁合金中,有必要进一步研究低碳钢坩埚的表面处理技术。

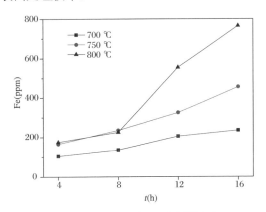

图 5.18 AZ91D 中 Fe 含量的变化

5.3　坩埚材料对 Mg 中 Fe 元素含量的影响

5.3.1　不同熔炼工艺条件下 Mg 中 Fe 元素的含量

图 5.19 为 720℃ 下保温 2 h 45♯钢坩埚熔炼 Mg 和 Mg-2Mn，以及 ZGMn13 坩埚熔炼纯 Mg 后的试样中的 Fe 元素含量。从图中可以看出，高纯镁中的 Fe 含量为 39 ppm。45♯钢坩埚熔炼纯镁，铸锭边缘和心部的 Fe 元素含量分别为 329 ppm 和 159 ppm。45♯钢坩埚熔炼 Mg-2Mn 合金，铸锭边缘和心部的 Fe 元素含量分布为 81 ppm 和 61 ppm。ZGMn13 坩埚熔炼纯镁，铸锭边缘和心部的 Fe 元素含量分别为 144 ppm 和 103 ppm。熔炼过程中 Fe 元素向 Mg 熔体中扩散，Mg 熔体中添加 Mn 元素可以有效地阻碍 Fe 元素的扩散。ZGMn13 坩埚熔炼纯 Mg，最后纯 Mg 中的 Mn 含量为 41 ppm，与熔炼前纯 Mg 中的 Fe 含量基本一致。

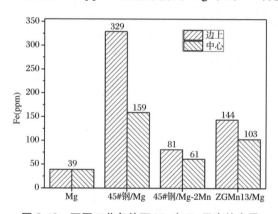

图 5.19　不同工艺条件下 Mg 中 Fe 元素的含量

5.3.2　不同熔炼工艺条件下 Mg 与坩埚材料界面组织

图 5.20(a)～(c)分别为 Fe 与 Mg、Fe 与 Mg-2Mn、ZGMn13 与 Mg 界面组织和元素的分布。从图 5.20(a)可以看出在 Fe 与 Mg 的界面处没有明显的界面反应，Fe 元素有向 Mg 熔体扩散的趋势。从图 5.20(b)可以看出在 Fe 与 Mg-2Mn 的界面处有明显的过渡层生成，且过渡层主要为 Mn 元素。从上面的研究已经知道 Mg-2Mn 熔体中的 Mn 元素向 Fe 周围聚集形成反应层，从而阻碍 Fe 元素向 Mg 熔体中扩散。从图 5.20(c)可以发现在距离 Fe 与 Mg 熔体界面处约 5 μm 的 Mg

基体上有一层薄的过渡层,由 Mn 元素的线扫描扩散看出,薄的过渡层为 Mn 元素的富集。说明在 Mg 的熔炼过程中 ZGMn13 坩埚中的 Mn 元素向 Mg 熔体中扩散并析出,形成过渡层,从而有效地阻碍了 Fe 元素向 Mg 熔体中扩散。

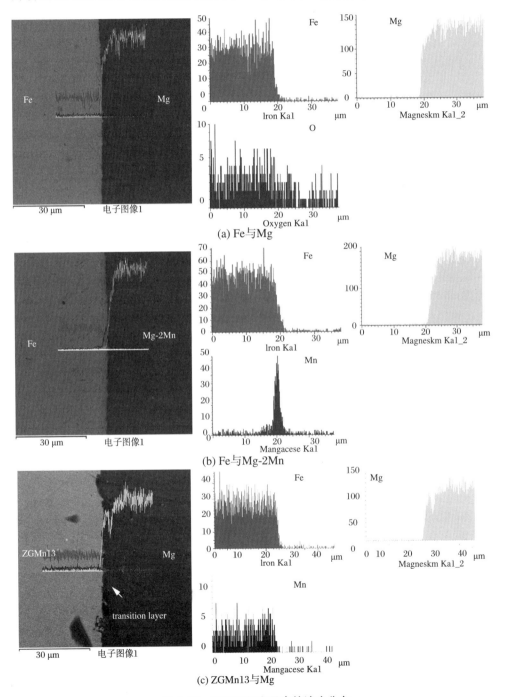

图 5.20　界面组织和元素的浓度分布

5.4　AZ63 镁合金和 Q235 钢的界面扩散反应及力学性能

镁牺牲阳极由于其固有的负电位、大的驱动电压和单位重量的大电流输出,被广泛用于保护埋地金属管道、钢筋混凝土和其他钢结构。[58-61]目前镁合金牺牲阳极的工业应用主要集中在铸造 AZ63,因为它具有均匀的表面溶解和高的电流效率。[62-64]为了便于 AZ63 牺牲阳极与受保护管道或钢结构连接,在浇铸 AZ63 牺牲阳极时,先将 Q235 杆放入模具中,然后将固液界面结合形成接线端子。AZ63 牺牲阳极与 Q235 的界面冶金结合直接影响其阴极保护性能,因此固液复合铸造工艺非常重要。

镁合金和钢的熔点、热导率和热膨胀系数差别很大。此外,根据 Fe-Mg 相图,Fe 在 Mg 中的最大固溶度为 0.00043%,Mg 在 Fe 中的固溶度接近于零。[65]同时,Fe 和 Mg 元素之间不发生反应。[66]因此,Mg 与 Fe 之间难以形成冶金结合。近年来,关于镁合金与钢的固液复合铸造已有许多报道。[67-71]Sacerdot-Peronnet 等报道了不同化学反应程度和试样厚度对低碳钢和镁基镁铝合金之间载荷-位移曲线的影响。[67]但界面的冶金结合不好,强度低。钢表面镀锌能有效地防止氧化。[72]此外,钢表面镀锌能促进低熔点 Mg、Zn 共晶的形成,从而提高 AZ31 与钢的焊接性。[73]Cheng 等[68-69]和 Jiang 等[70]采用固液复合铸造技术,分别在 720 ℃ 和780 ℃下对 45 钢和 AZ91D 钢进行热镀锌和热镀铝复合铸造,研究了 AZ91D 钢与 45 钢的界面组织和力学性能。Zhao 等[71]系统地分析了液固复合铸造 AZ91D/Al 涂层0Cr19Ni9 双金属材料黏结界面的组织和力学性能。钢表面镀锌和渗铝处理,可以显著提高钢与 AZ91 镁合金界面的冶金结合强度和界面强度。然而,AZ63 和 Q235 复合铸造还未见报道。文献研究发现,固溶时效(T6)热处理可以提高 AZ63 牺牲阳极的性能。[74]此外,T6 热处理还能促进 AZ63 和 Q235 之间的元素扩散。

本节选用 Q235 钢、热镀锌 Q235 钢和 AZ63 镁合金作为固液复合铸造工艺的试验材料。对铸造后的 AZ63 镁合金和 Q235 镀锌钢复合铸造试样进行了 T6 热处理。测试了界面处的显微组织特征、剪切强度和显微硬度。讨论了 AZ63 与Q235 的界面反应机理。

5.4.1　AZ63 和 Q235 的固液复合铸造试样制备和测试分析方法

本研究使用的是商用 AZ63 镁合金锭和直径为 10 mm 的 Q235 钢芯,其化学成分由 ICP-OES 测定,测定结果见表 5.6。实验采用 445～450 ℃下热浸镀锌处理的 Q235 钢芯,未镀锌的 Q235 钢芯为对照组。

采用电阻炉熔炼 AZ63 镁合金铸锭,AZ63 镁合金熔体的保护气体为六氟化硫和二氧化碳混合气体。当 AZ63 镁合金熔体温度达到 720 ℃时,撇去了熔融金属的氧化皮。将 AZ63 镁合金熔体倒入预先定位 Q235 钢芯的金属模具中,凝固后得到 AZ63 镁合金牺牲阳极。复合铸造得到的样品如图 5.21 所示。最后,对 AZ63 镁合金与镀锌钢 Q235 的复合铸造试样进行 T6(385 ℃固溶 10 h,220 ℃时效 5 h)热处理。

图 5.21　复合铸造得到的样品

为了观察界面组织,采用电火花线切割从 Q235 钢芯的垂直方向加工试样,对试样的截面磨制金相。采用扫描电镜(SEM)和 Oxford X-Max EDS 能谱仪对界面微观结构进行表征。元素分布采用电子探针微量分析仪(EPMA)进行分析。采用万能试验机进行推出试验,研究了 AZ63 与 Q235 界面的剪切强度。推出测试的示意图如图 5.22 所示。试件厚度为 8 mm。加载速率为 0.5 mm/min。其中三个试样用于推出测试。剪切强度(τ)由下式计算:

$$\tau = \frac{F}{2\pi rt} \tag{5.9}$$

式中,F 为最大载荷,r 为 Q235 钢的半径,t 为试件厚度。

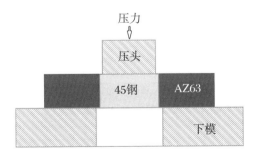

图 5.22　推出试验示意图

AZ63 和 Q235 的界面显微硬度测量采用 HV-1000 硬度计,载荷为 100 g,保压时间为 10 s。显微硬度值测试重复了三次，每个位置的硬度值为三个测量值的平均值。

5.4.2　镀锌 Q235 微观结构

镀锌 Q235 截面的光学显微照片如图 5.23 所示，图 5.23(b) 和 (c) 为图 5.23(a) 中的 A 和 B 两个位置的放大图。可以看出，在 Q235 镀锌钢的表面形成了约 80 μm 的脱碳层。可能是 Q235 在热镀锌过程中形成的。

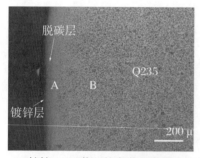

(a) 镀锌 Q235 截面的光学显微照片

(b) 图5.23(a)中的A的光学显微照片放大图

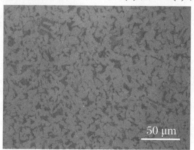

(c) 图5.23(a)中的B的光学显微照片放大图

图 5.23　镀锌 Q235 截面的光学显微照片

镀锌 Q235 截面的 BSE 显微照片如图 5.24 所示。可以清楚地看到，Q235 表面的锌镀层厚度比较均匀，其平均厚度约为 28 μm。锌镀层的能谱分析表明，锌镀层以锌元素为主，未形成 Fe-Zn 金属间化合物。

图 5.24　镀锌 Q235 钢芯横截面的面扫描

5.4.3　AZ63 与 Q235 双金属复合材料界面的微观组织

AZ63 与 Q235 双金属复合材料界面的光学显微图如图 5.25 所示。在 Q235 基体界面附近珠光体明显减少,在 AZ63/Q235 和 AZ63/镀锌 Q235 的界面形成约 300 μm 厚度的脱碳层。镀锌 Q235 的脱碳层厚度明显比铸造前要宽。T6 处理后,脱碳层约为 350 μm。复合铸造和 T6 处理均能增加 Q236 表面脱碳层的厚度。因此,可以发现,高温促进了 Q235 表面脱碳层的形成。

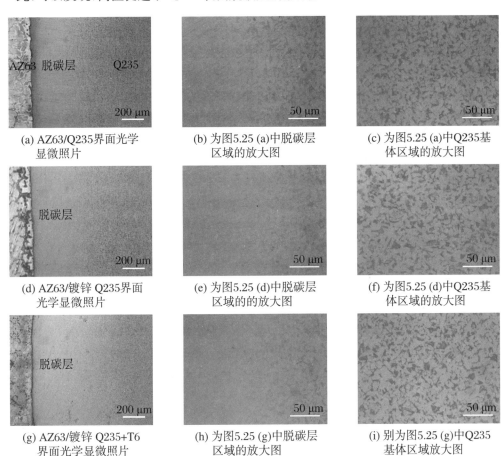

(a) AZ63/Q235界面光学
显微照片

(b) 为图5.25 (a)中脱碳层
区域的放大图

(c) 为图5.25 (a)中Q235基
体区域的放大图

(d) AZ63/镀锌 Q235界面
光学显微照片

(e) 为图5.25 (d)中脱碳层
区域的的放大图

(f) 为图5.25 (d)中Q235基
体区域的放大图

(g) AZ63/镀锌 Q235+T6
界面光学显微照片

(h) 为图5.25 (g)中脱碳层
区域的放大图

(i) 别为图5.25 (g)中Q235
基体区域放大图

图 5.25　AZ63 与 Q235 界面光学显微照片

图 5.26 为 AZ63 与 Q235 双金属复合材料界面的 BSE 显微照片。可以清楚地看到,在 AZ63/Q235 界面处形成了少量的金属间化合物,在 AZ63/镀锌 Q235 界面处形成了平均厚度约为 15 μm 的过渡层。Q235 表面热镀锌明显提高了 AZ63 镁合金与 Q235 的结合性能。经过 T6 热处理后,AZ63 与镀锌 Q235 基层之间的过渡层平均厚度仍在 15 μm 左右,但过渡层厚度变得更加均匀,金属间化合物

的尺寸明显细化。同时,AZ63 基体中的 $Mg_{17}Al_{12}$ 相固溶到 Mg 基体基体中,时效析出分散的细小第二相。由于 T6 处理促进了元素在界面处的扩散,界面处的金属间化合物较热处理前明显细化。

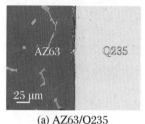

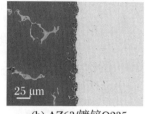

(a) AZ63/Q235　　　　　(b) AZ63/镀锌Q235　　　　　(c) AZ63/镀锌Q235+T6

图 5.26　界面的 BSE 显微照片

图 5.27 为 AZ63 与 Q235 界面的元素分布。可以看出,在 AZ63/Q235 界面处,Al、Mn 和 Fe 元素没有明显的扩散。与 AZ63/Q235 界面上元素的分布相比,Al、Mn、Fe 元素在 AZ63/镀锌 Q235 界面上明显聚集。由于锌的熔点远低于AZ63 镁合金的浇铸温度,镀锌 Q235 在铸造过程中,表面的镀锌层会熔化,并随着AZ63 镁合金熔体搅动溶入 AZ63 镁合金中。AZ63/镀锌 Q235 的铸件经 T6 处理后,基体中 Al、Mn、Zn 元素分布均匀,但界面处 Al 元素明显增加,Mn 元素明显减少,可能是因为在被 T6 处理过程中 AZ63 镁合金中的 Al 继续向界面处扩散,界面处的 Mn 向 Q235 中扩散。

由 Fe-Mg 相图[65]可知,Fe 与 Mg 之间不存在金属间化合物,且 Fe 在 Mg 熔体中的固溶体很低,这可能导致 Q235 钢与 AZ63 镁合金熔体之间的界面反应困难。而 Zn 可与 Fe 和 Mg 反应生成金属间化合物,且 Zn 在 Fe 和 Mg 中具有较高的固溶度,因此在 Q235 表面镀锌可促进 AZ63 与 Q235 之间的冶金结合,经 T6 处理可促进界面处元素的进一步扩散。

Q235/AZ63 界面上主要二元金属体系的生成热如表 5.6 所示。[75]可以看出,Al-Mn 和 Al-Fe 体系的生成热相对较低,因此在界面处容易形成 Al-Mn 和 Al-Fe化合物,促进了界面处 Al 和 Mn 元素向 Q235 基体扩散,导致在界面处 Al 和 Mn元素的富集。

表 5.6　本研究中主要二元合金体系的生成热

二元合金体系	Al-Fe	Al-Mg	Al-Mn	Al-Zn	Fe-Mn	Fe-Zn	Mg-Mn	Mg-Zn	Mn-Zn
生成热(kJ/mol)	−11	−2	−19	1	0	4	10	−4	−6

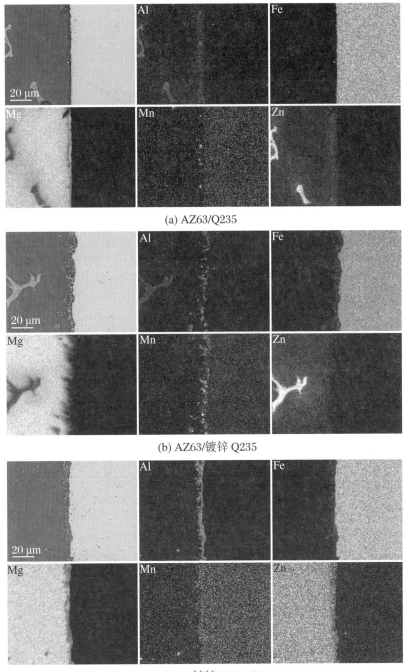

(a) AZ63/Q235

(b) AZ63/镀锌 Q235

(c) AZ63/镀锌 Q235+T6

图 5.27　界面 EDS 面扫描

为了进一步研究界面的相组成，AZ63/镀锌 Q235 和 AZ63/镀锌 Q235 + T6

的界面放大后的 BSE 显微图如图 5.28 所示。经 T6 处理后,AZ63/镀锌 Q235 界面处的金属间化合物得到细化。界面处金属间化合物的 EPMA 结果见表 5.7。根据 Fe/Al 值可知,在被 T6 处理前后 AZ63/镀锌 Q235 界面处的金属间化合物为 Fe_2Al_5。

 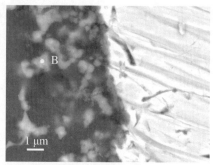

(a) AZ63/镀锌 Q235 　　　　　　　(b) AZ63/镀锌 Q235+T6

图 5.28　界面放大后的 BSE 照片

表 5.7　图 5.28 中 A 点和 B 点的 EPMA 结果(原子百分数)

点	C	Fe	Al	Mn	Mg	Zn	Fe/Al
A	4.417%	20.374%	48.802%	16.821%	9.439%	0.146%	0.41%
B	6.347%	16.66%	41.766%	3.961%	30.633%	0.633%	0.40%

根据 Al-Fe 相图[76],Al-Fe 体系中可形成 Fe_3Al、$FeAl$、$FeAl_2$、$FeAl_3$ 和 Fe_2Al_5 金属间化合物。然而,根据金属间化合物形成过程中的吉布斯自由能变化[77],由于 Fe_2Al_5 金属间化合物在该实验温度下的吉布斯自由能最小,因此,Fe_2Al_5 相的形成要早于其他 Al-Fe 金属间相。

5.4.4　AZ63 与 Q235 界面的反应机理

图 5.29 为 AZ63/镀锌 Q235 界面固液铸造和 T6 处理过程的冶金反应机理示意图。在固液复合铸造过程中,AZ63 镁合金的熔体温度为 720 ℃,远高于锌的熔点,因此 Q235 表面的锌层会迅速熔化并进入 AZ63 镁合金的熔体。AZ63 镁合金中的 Al 和 Mn 元素从熔体中扩散到界面,形成 Fe_2Al_5 金属间化合物。同时,Q235 基体中的碳元素向表面扩散,形成脱碳层。在对 AZ63/镀锌 Q235 试样进行 T6 热处理时,AZ63 基体中的 Al 元素向界面扩散,界面处的 Mn 元素向 Q235 基体扩散,Q235 基体中的碳元素继续向界面扩散。界面处 Fe_2Al_5 金属间化合物的尺寸明显小于 T6 热处理前,Q235 基体中脱碳层的厚度变大。

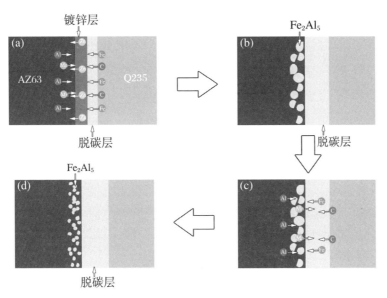

图 5.29　AZ63 与 Q235 界面反应机理示意图

5.4.5　AZ63 与 Q235 界面的力学性能

图 5.30 为界面推出实验的荷载-位移曲线。可以看出，AZ63/Q235、AZ63/镀锌 Q235、AZ63/镀锌 Q235 + T6 冶金结合的抗剪力呈增加趋势。原因是 Q235 钢表面经过热浸镀锌处理，促进了界面的冶金结合，再经过 T6 处理，促进了界面元素的扩散，使界面的冶金结合更加紧密，从而提高了界面的抗剪力。界面处的平均剪切强度可由式(5.9)求得，具体结果如表 5.8 所示，AZ63/镀锌 Q235 + T6 的剪切强度最大，且为 31.9 MPa。

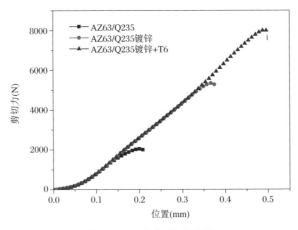

图 5.30　荷载-位移曲线

表 5.8　不同热处理时间下 AZ63／Q235 冶金结合的剪切强度

试　　　样	平均剪切强度（MPa）
AZ63／Q235	8.2
AZ63／Q235 镀锌	21.3
AZ63／Q235 镀锌 ＋T6	31.9

图 5.31 为 AZ63/Q235、AZ63/镀锌 Q235、AZ63/镀锌 Q235＋T6 冶金结合推出样品的 Q235 镶件的 SEM 断口，C、D、E 点的 EDS 结果见表 5.9。结果表明，Q235 侧断裂面均为 AZ63 镁合金，但是与 AZ63/镀锌 Q235 相比，AZ63/Q235 试样 Q235 侧断口附着的 AZ63 镁合金较少，固液复合铸造前 Q235 表面的加工痕迹清晰可见。然而，经过 T6 处理剪切试验后，AZ63/镀锌 Q235 和 AZ63/镀锌 Q235 试样的 Q235 侧表面明显黏附有大量 AZ36 镁合金。结果表明：经 T6 处理的 AZ63/镀锌 Q235 和 AZ63/镀锌 Q235 试样的界面结合力明显优于 AZ63/Q235 试样。

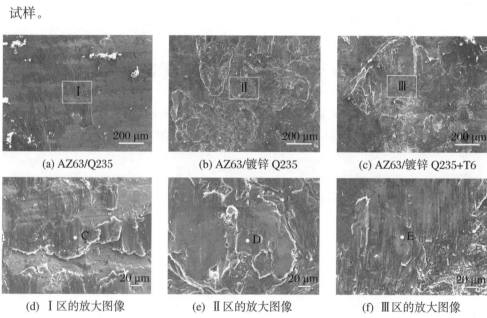

(a) AZ63/Q235　　　　　(b) AZ63/镀锌 Q235　　　　　(c) AZ63/镀锌 Q235+T6

(d) Ⅰ区的放大图像　　　　(e) Ⅱ区的放大图像　　　　(f) Ⅲ区的放大图像

图 5.31　推出试样在界面 Q235 插片上的 SEM 断口

表 5.9　图 11 中 C、D、E 点的 EDS 结果（原子百分数）

点	Mg	Al	Zn	Mn
C	94.2%	4.9%	0.7%	0.2%
D	94.4%	2.6%	2.6%	0.4%
E	96.2%	2.6%	1.1%	0.1%

AZ63/Q235、AZ63/镀锌 Q235、AZ63/镀锌 Q235 + T6 界面的显微硬度分布如图 5.32 所示。AZ63 基体和 Q235 基体的平均硬度分别为 70 HV 和 210 HV。经过 T6 热处理后,因为 AZ63 镁合金经过固溶时效之后强度明显提高,所以,AZ63 基体的平均硬度提高到 95 HV 左右。AZ63 基体附近界面硬度显著高于 AZ63 基体,其中 AZ63/镀锌 Q235 + T6 界面硬度最高,AZ63/Q235 界面硬度最低。这与剪切强度的变化是一致的。界面附近由于脱碳,Q235 的硬度明显低于 Q235 基体的硬度。

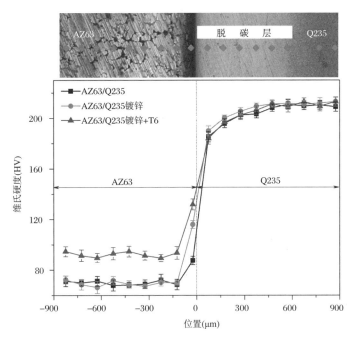

图 5.32　AZ63/Q235、AZ63/镀锌 Q235、AZ63/镀锌 Q235 + T6 界面的显微硬度分布

本 章 小 结

本章主要研究了 Fe 在 Mg 和 Mg-Mn 熔体中扩散行为、AZ91D 镁合金熔体与低碳钢的界面扩散反应、坩埚材料对 Mg 中铁元素含量的影响和 AZ63 镁合金和 Q235 钢的界面扩散反应及力学性能。主要结论如下:

(1) 在 720~800 ℃下,随着 Mg 熔体中 Mn 含量的增加,扩散偶界面处的扩散层厚度增加,Fe 在 Mg 熔体中的扩散系数减少,界面处的扩散层有效地阻碍了 Fe 原子向 Mg 熔体中扩散。Fe 在 Mg-(0,1,2)Mn 熔体中的扩散激活能分别为 (29.72±7.58) kJ/mol、(26.71±1.27) kJ/mol 和 (26.67±3.19) kJ/mol。

（2）AZ91D 镁合金熔体与低碳钢的界面反应过程中，AZ91D 中的 Al 和 Mn 均在低碳钢表面富集，并与 Fe 反应主要形成 Al（Fe，Mn）金属间化合物层。在 700 ℃ 和 750 ℃ 下脱碳，在低碳钢衬底附近形成 $AlFe_3C$ 相。然而，$AlFe_3C$ 相在 800 ℃ 时不形成。金属间层厚度与时间的开平方之间满足线性关系，金属间化合物层的生长受到扩散机制的控制。在 700 ℃、750 ℃ 和 800 ℃ 时，金属间化合物层的生长常数分别为 $[1.89(\pm0.03)\times10^{-12}]m^2/s$、$[3.05(\pm0.05)\times10^{-12}]m^2/s$ 和 $[5.18(\pm0.05)\times10^{-12}]m^2/s$。活化能 Q 为 (87.43 ± 4.98) kJ/mol。随着熔化温度和保持时间的增加，AZ91 镁合金中的铁含量呈线性增加。但在 800 ℃ 的保持温度下，8 h 后 Fe 含量迅速增加。结果表明，在 800 ℃ 下保持 8 h 后，保持温度对测定 AZ91D 的铁含量更为重要。

（3）研究不同的坩埚材料对镁合金中 Fe 元素含量影响。发现 Mg 中添加 2%（质量百分数）Mn 元素能有效地降低 Mg 熔体中的 Fe 含量。在镁合金熔炼过程中 ZGMn13 坩埚中的 Mn 元素溶解到了 Mg 熔体中，形成过渡层，有效地阻碍 Fe 元素向 Mg 熔体中扩散。

（4）AZ63/Q235、AZ63/镀锌 Q235 和 AZ63/镀锌 Q235 + T6 处理样品的 Q235 基体在界面附近形成了厚度为 300～350 μm 的脱碳层。在 AZ63/Q235 的界面上形成了少量的金属间化合物。在 AZ63/镀锌 Q235 的界面上形成了平均厚度约为 15 μm 的过渡层。经过 T6 处理后，AZ63 与镀锌 Q235 基体之间的界面过渡层的平均厚度仍在 15 μm 左右，但过渡层的厚度变得更加均匀，金属间化合物的尺寸明显细化。Al 和 Mn 元素在 AZ63/镀锌 Q235 的界面上明显聚集。然而，在铸造过程中，被镀锌的 Q235 表面的锌熔化成 AZ63 镁合金。T6 处理后，基体中的 Al、Mn、Zn 元素分布均匀，但界面处的 Al 元素明显增加，而 Mn 元素明显减少。T6 处理前后，AZ63/镀锌 Q235 界面上的金属间化合物分别为（Fe、Mn）$_2$ Al$_5$。AZ63/Q235、AZ63/镀锌 Q235、AZ63/镀锌 Q235 + T6 冶金键合的剪切强度呈上升趋势。AZ63 基体附近的界面硬度明显高于 AZ63 基体，其中 AZ63/镀锌 Q235 + T6 的界面硬度最高，而 AZ63/Q235 的硬度最低。

参 考 文 献

[1] Luo A A. Magnesium casting technology for structural applications[J]. Journal of Magnesium and Alloys, 2013, 1(1): 2-22.

[2] Dai J H, Jiang B, Zhang J Y, et al. Interfacial reaction in (Mg-37.5Al)/(Mg-6.7Nd) diffusion couples[J]. Metals and Materials International, 2016, 22(1): 1-6.

[3] Yang Q, Jiang B, Li X, et al. Microstructure and mechanical behavior of the Mg-Mn-Ce magnesium alloy sheets[J]. Journal of Magnesium and Alloys, 2014, 2(1): 8-12.

[4] Nayeb-Hashemi A A, Clark J B, Swartzendruber L J. The Fe-Mg (Iron-Magnesium) system[J]. Bulletin of Alloy Phase Diagrams, 1985, 6(3): 235-238.

[5] Nayeb-Hashemi A A, Clark J B. The Mg-Ni (Magnesium-Nickel) system[J]. Bulletin of Alloy Phase Diagrams, 1985, 6(3): 238-244.

[6] Dai J, Jiang B, Zhang J, et al. Diffusion kinetics in Mg-Cu Binary system[J]. Journal of Phase Equilibria and Diffusion, 2015, 36(6): 613-619.

[7] Nayeb-Hashemi A A, Clark J B. The Co-Mg (Cobalt-Magnesium) system[J]. Bulletin of Alloy Phase Diagrams, 1987, 8(4): 352-355.

[8] Parthiban G, Palaniswamy N, Sivan V. Effect of manganese addition on anode characteristics of electrolytic magnesium[J]. Anti-Corrosion Methods and Materials, 2009, 56(2): 79-83.

[9] Okamoto H. Mg-Mn (Magnesium-Manganese)[J]. Journal of Phase Equilibria and Diffusion, 2008, 29(2): 208-209.

[10] Gandel D, Easton M, Gibson M, et al. Calphad simulation of the Mg-(Mn, Zr)-Fe system and experimental comparison with as-cast alloy microstructures as relevant to impurity driven corrosion of Mg-alloys[J]. Materials Chemistry and Physics, 2014, 143(3): 1082-1091.

[11] Kim J G, Koo S J. Effect of alloying elements on electrochemical properties of magnesium-based sacrificial anodes[J]. Corrosion, 2000, 56(4): 380-388.

[12] Pierre D, Viala J, Peronnet M, et al. Interface reactions between mild steel and liquid Mg-Mn alloys[J]. Materials Science and Engineering: A, 2003, 349(1): 256-264.

[13] Pavlinov L V, Gladyshev A M, Bykov V N. Self-Diffusion in calcium and diffusion of barely soluble impurities in magnesium and calcium[J]. Physics of Metals and Metallography, 1968, 26(5): 53-59.

[14] Zhou B C, Shang S L, Wang Y, et al. Diffusion coefficients of alloying elements in dilute Mg alloys: A comprehensive first-principles study[J]. Acta Materialia, 2016, 103: 573-586.

[15] Witusiewicz V, Sommer F, Mittemeijer E. Reevaluation of the Fe-Mn phase diagram[J]. Journal of Phase Equilibria and Diffusion. 2004, 25(4): 346-354.

[16] Ganguly J, Cheng W, Tirone M. Thermodynamics of aluminosilicate garnet solid solution: new experimental data, an optimized model and thermometric applications[J]. Contributions to Mineralogy and Petrology, 1996, 126(1-2): 137-151.

[17] Luo A A. Magnesium casting technology for structural applications[J]. Journal of Magnesium and Alloys, 2013, 1(1): 2-22.

[18] Yang Q, Jiang B, Song B, et al. The effects of orientation control via tension-compression on microstructural evolution and mechanical behavior of AZ31 Mg alloy sheet[J]. Journal of Magnesium and Alloys, 2022, 10(2): 411-422.

[19] Yang H, Chen X, Huang G, et al. Microstructures and mechanical properties of titanium-reinforced magnesium matrix composites: review and perspective[J]. Journal of Magnesium and Alloys, 2022, 10(9): 2311-2333.

[20] Pan F, Chen X, Yan T, et al. A novel approach to melt purification of magnesium alloys [J]. Journal of Magnesium and Alloys, 2016, 4(1): 8-14.

[21] Prasad A, Uggowitzer P J, Shi Z, et al. Production of high purity magnesium alloys by melt purification with Zr[J]. Advanced Engineering Materials, 2012, 14(7): 477-490.

[22] Pan F S, Mao J J, Chen X H, et al. Influence of impurities on microstructure and mechanical properties of ZK60 magnesium alloy[J]. Transactions of Nonferrous Metals Society of China, 2010, 20(7): 1299-1304.

[23] Chen X H, Mao J J, Pan F S, et al. Influence of impurities on damping properties of ZK60 magnesium alloy[J]. Transactions of Nonferrous Metals Society of China, 2010, 20(7): 1305-1310.

[24] Zhao D, Chen X, Wang X, et al. Effect of impurity reduction on dynamic recrystallization, texture evolution and mechanical anisotropy of rolled AZ31 alloy[J]. Materials Science and Engineering: A, 2020, 773: 138741.

[25] Chen X, Pan F, Mao J, et al. Effect of impurity reduction on rollability of AZ31 magnesium alloy[J]. Journal of Materials Science, 2012, 47(1): 514-520.

[26] Liu M, Uggowitzer P J, Nagasekhar A V, et al. Calculated phase diagrams and the corrosion of die-cast Mg-Al alloys[J]. Corrosion Science, 2009, 51(3): 602-619.

[27] Dai Y, Chen X H, Yan T, et al. Improved corrosion resistance in AZ61 magnesium alloys induced by impurity reduction[J]. Acta Metallurgica Sinica (English Letters), 2020, 33(2): 225-232.

[28] Liu M, Song G L. Impurity control and corrosion resistance of magnesium-aluminum alloy [J]. Corrosion science, 2013, 77: 143-150.

[29] Liu F, Hu W, Yang Z, et al. Microstructure evolution and age-hardening response in Mg-Sn-Sm alloys under a wide range of Sm/Sn[J]. China Foundry, 2022, 19(3): 211-217.

[30] Zhang G, Qiu K, Xiang Q, et al. Creep resistance of as-cast Mg-5Al-5Ca-2Sn alloy[J]. China Foundry, 2017, 14(4): 265-271.

[31] Scharf C, Ditze A. Iron pickup of AZ91 and AS31 magnesium melts in steel crucibles[J]. Advanced Engineering Materials, 2007, 9(7): 566-571.

[32] Peng L, Zeng G, Lin C J, et al. Al_2MgC_2 and $AlFe_3C$ formation in AZ91 Mg alloy melted in Fe-C crucibles[J]. Journal of Alloys and Compounds, 2021, 854: 156415.

[33] Gu D D, Peng J, Wang J W, et al. Effect of Mn modification on the corrosion susceptibility of Mg-Mn alloys by magnesium scrap[J]. Acta Metallurgica Sinica (English Letters), 2021, 34(1): 1-11.

[34] Gandel D S, Easton M A, Gibson M A, et al. Calphad simulation of the Mg-(Mn, Zr)-Fe system and experimental comparison with as-cast alloy microstructures as relevant to impurity driven corrosion of Mg-alloys[J]. Materials Chemistry and Physics, 2014, 143(3): 1082-1091.

[35] Chen T, Yuan Y, Liu T, et al. Effect of Mn addition on melt purification and Fe tolerance in Mg alloys[J]. JOM, 2021, 73(3): 892-902.

[36] Czerwinski F. Corrosion of materials in liquid magnesium alloys and its prevention[J]. Magnesium Alloys-Properties in Solid and Liquid States, 2014, 131-170.

[37] Ohmi T, Iguchi M. Bonding strengths of interfaces between cast Mg-Al alloy and cast-in inserted transition metal cores[J]. Journal of the Japanese Society for Experimental Mechanics, 2013, 13: s189-s193.

[38] Viala J C, Pierre D, Bosselet F, et al. Chemical interaction processes at the interface between mild steel and liquid magnesium of technical grade[J]. Scripta materialia, 1999, 40 (10): 1185-1190.

[39] Nave M D, Dahle A K, Stjohn D H. Method for determining reaction rate of mild steel containers during melting of magnesium-aluminium alloys and effect of aluminium content on directionally solidified microstructures[J]. International Journal of Cast Metals Research, 2003, 16(4): 427-433.

[40] Dai J H, Jiang B, Peng C, et al. Effect of Mn additions on diffusion behavior of Fe in molten magnesium alloys by solid-liquid diffusion couples[J]. Journal of Alloys and Compounds, 2017, 710: 260-266.

[41] Corby C P, Qian M, Ricketts N J, et al. Investigation ofintermetallicss in die-casting sludge[J]. Magnesium Technology 2004, 2004: 209-214.

[42] Chen T, Xiong X, Yuan Y, et al. Effect of steels on the purity of molten Mg alloys[J]. Advanced Engineering Materials, 2020, 22(11): 2000338.

[43] Taninouchi Y, Nose K, Okabe T H. Dissolution behavior of iron and steel materials in liquid magnesium [J]. Metallurgical and Materials Transactions B, 2018, 49 (6): 3432-3443.

[44] Pierre D, Viala J C, Peronnet M, et al. Interface reactions between mild steel and liquid Mg-Mn alloys[J]. Materials Science and Engineering: A, 2003, 349: 256-264.

[45] Taninouchi Y, Okabe T H. Solubilities of nickel, iron, and chromium in liquid magnesium in the presence of austenitic stainless steel[J]. Metallurgical and Materials Transactions B, 2021, 52(2): 611-624.

[46] Taninouchi Y, Yamaguchi T, Okabe T H, et al. Solubility of chromium in liquid magnesium[J]. Metallurgical and Materials Transactions B, 2022, 53(3): 1851-1857.

[47] Takeuchi A, Inoue A. Classification of bulk metallic glasses by atomic size difference, heat of mixing and period of constituent elements and its application to characterization of the main alloying element[J]. Materials transactions, 2005, 46(12): 2817-2829.

[48] Dai J, Xie H, Zhou Y, et al. Effect of Q235 hot-dip galvanized and post-casting T6 heat treatment on microstructure and mechanical properties of interfacial between AZ63 and Q235 by solid-liquid compound casting[J]. Metals, 2022, 12(7): 1233.

[49] Chen H L, Li N, Klostermeier A, et al. Measurement of carbon solubility in magnesium alloys using GD-OES[J]. Journal of Analytical Atomic Spectrometry, 2011, 26 (11): 2189-2196.

[50] Chen H L, Schmid-Fetzer R. The Mg-Cphase equilibria and their thermodynamic basis

　　　　　　[J]. International Journal of Materials Research, 2012, 103(11): 1294-1301.

[51] Okamoto H. The C-Fe (Carbon-iron) system[J]. Journal of Phase Equilibria, 1992, 13 (5): 543-565.

[52] Chipman J. Thermodynamics andphase diagram of the Fe-C system[J]. Metallurgical and Materials Transactions B, 1972, 3(1): 55-64.

[53] Nasiri A M, Weckman D C, Zhou Y. Interfacial microstructure of laser brazed AZ31B magnesium to Sn plated steel sheet[J]. Welding Journal, 2015, 94(3): 61S-72S.

[54] Springer H, Kostka A, Payton E J, et al. On the formation and growth ofIntermetallics phases during interdiffusion between low-carbon steel and aluminum alloys[J]. Acta materialia, 2011, 59(4): 1586-1600.

[55] Sidhu M S, Bishop C M, Kral M V. Formation of aluminium carbide by cast iron and liquid aluminium interaction[J]. International Journal of Cast Metals Research, 2014, 27 (6): 321-328.

[56] Shin D, Lee J Y, Heo H, et al. Formation procedure of reactionphases in Al hot dipping process of steel[J]. Metals, 2018, 8(10): 820.

[57] Kwak S Y, Yun J G, Lee J H, et al. Identification of intermetallics compounds and its formation mechanism in boron steel hot-dipped in Al-7 wt.% Mn alloy[J]. Coatings, 2017, 7(12): 222.

[58] Parthiban G T, Parthiban T, Ravi R, et al. Cathodic protection of steel in concrete using magnesium alloy anode[J]. Corrosion Science, 2008, 50(12): 3329-3335.

[59] Kim J G, Joo J H, Koo S J. Development of high-driving potential and high-efficiency Mg-based sacrificial anodes for cathodic protection[J]. Journal of Materials Science Letters, 2000, 19(6): 477-479.

[60] Pathak S S, Mendon S K, Blanton M D, et al. Magnesium-based sacrificial anode cathodic protection coatings (Mg-rich primers) for aluminum alloys[J]. Metals, 2012, 2(3): 353-376.

[61] Yan L, Song G L, Zheng D. Magnesium alloy anode as a smart corrosivity detector and intelligent sacrificial anode protector for reinforced concrete[J]. Corrosion Science, 2019, 155: 13-28.

[62] Li J, Chen Z, Jing J, et al. Effect of yttrium modification on the corrosion behavior of AZ63 magnesium alloy in sodium chloride solution[J]. Journal of Magnesium and Alloys, 2021, 9(2): 613-626.

[63] Jafari H, Mohammad Hassanizadeh B. Influence of Zr and Be on microstructure and electrochemical behavior of AZ63 anode[J]. Materials and Corrosion, 2019, 70(4): 633-641.

[64] Kim J G, Koo S J. Effect of alloying elements on electrochemical properties of magnesium-based sacrificial anodes[J]. Corrosion, 2000, 56(4): 380-388.

[65] Nayeb-Hashemi A A, Clark J B, Swartzendruber L J. The Fe-Mg (Iron-Magnesium) system[J]. Bulletin of Alloy Phase Diagrams, 1985, 6(3): 235-238.

[66] Patel V K, Bhole S D, Chen D L. Formation of zinc inter couple texture during dissimilar

ultrasonic spot welding of magnesium and high strength low alloy steel[J]. Materials & Design, 2013, 45: 236-240.

[67] Sacerdote-Peronnet M, Guiot E, Bosselet F, et al. Local reinforcement of magnesium base castings with mild steel inserts[J]. Materials Science and Engineering: A, 2007, 445: 296-301.

[68] Cheng J, Zhao J, Zhang J, et al. Microstructure and mechanical properties of galvanized-45 steel/AZ91D bimetallic material by liquid-solid compound casting[J]. Materials, 2019, 12(10): 1651.

[69] Cheng J, Zhao J, Zheng D, et al. Effect of the vacuum heat treatment on the microstructure and mechanical properties of the galvanized-Q235/AZ91D bimetal material produced by solid-liquid compound casting[J]. Metals and Materials International, 2021, 27(3): 545-555.

[70] Jiang W, Jiang H, Li G, et al. Microstructure, mechanical properties and fracture behavior of magnesium/steel bimetal using compound casting assisted with hot-dip aluminizing [J]. Metals and Materials International, 2021, 27(8): 2977-2988.

[71] Zhao J, Zhao W, Shen Q U, et al. Microstructures and mechanical properties of AZ91D/0Cr19Ni9 bimetal composite prepared by liquid-solid compound casting [J]. Transactions of Nonferrous Metals Society of China, 2019, 29(1): 51-58.

[72] Kartsonakis I A, Stanciu S G, Matei A A, et al. A comparative study of corrosion inhibitors on hot-dip galvanized steel[J]. Corrosion Science, 2016, 112: 289-307.

[73] Chen Y C, Nakata K. Friction stir lap welding of magnesium alloy and zinc-coated steel [J]. Materials transactions, 2009, 50(11): 2598-2603.

[74] Jafari H, Idris M H, Ourdjini A, et al. Effect of thermomechanical treatment on microstructure and hardness behavior of AZ63 magnesium alloy[J]. ActaMetallurgica Sinica (English Letters), 2009, 22(6): 401-407.

[75] Takeuchi A, Inoue A. Classification of bulk metallic glasses by atomic size difference, heat of mixing and period of constituent elements and its application to characterization of the main alloying element[J]. Materials transactions, 2005, 46(12): 2817-2829.

[76] Li X, Scherf A, Heilmaier M, et al. The Al-rich part of the Fe-Al phase diagram[J]. Journal of Phase Equilibria and Diffusion, 2016, 37(2): 162-173.

[77] Shi Y, He C C, Huang J K, et al. Thermodnamic analysis of the forming ofIntermetallic compounds on aluminium-steel welding interface[J]. Journal of Lanzhou university of technology, 2013, 39(4): 45-47.

第6章 杂质元素 Cu 在 Mg 中的扩散行为

镁合金具有低密度、高比强度、良好的可加工性和可回收性,被认为是很有前途的结构金属材料,越来越多地应用于航空工业、汽车和电气工业。[1-3] Mg 与 Cu 合金化,以提高其高温强度。[4] 此外,镁铜合金具有非凡的储氢能力。[5-6] 为了理解和预测 Mg-Cu 二元体系中复杂的化学反应,镁铜合金的扩散动力学知识是必不可少的。

近年来,通过固-固扩散偶实验,研究了 Mg 和 Al、Zn、稀土元素之间金属间相的形成和扩散动力学[7-10]的形成和扩散动力学。20 年前,人们报道了在 Mg-Cu 体系中反应扩散的实验研究。[11] 在 683~748 K 温度下,Mg/Cu 扩散偶中存在Mg_2Cu和$MgCu_2$。Mg_2Cu层的生长速率符合抛物线定律,而$MgCu_2$层的生长速率无法计算。Mg 和 Cu 薄膜之间的反应扩散实验表明,Mg_2Cu 是 Mg-Cu 体系中形成的唯一相,Cu 是 Mg_2Cu 体系中形成的主要扩散元素。[12] 然而,在文献中没有关于 Mg-Cu体系中金属间相的间扩散系数和杂质扩散系数的相关扩散数据。

本章详细研究了纯 Mg 和纯 Cu 在 400 ℃、430 ℃ 和 460 ℃ 温度下的扩散反应。对所形成的金属间相的形貌和组成进行了表征。计算了 Mg_2Cu 和 $MgCu_2$ 两种双金属间相的相互扩散系数和相生长动力学。同时确定了杂质的扩散系数。

6.1 Mg/Cu 扩散偶制备和测试分析方法

纯 Mg(99.98%(质量百分数))和纯 Cu(99.98%)利用镶嵌法制备 Mg/Cu 扩散偶,如图 6.1 所示。在一个直径为 6 mm,高 6 mm 的 Cu 圆柱体端面的中心用钻头加工一个直径为 2.5 mm 的通孔。加工一个直径为 2.55 mm,长 6 mm 的 Mg 棒,将 Mg 棒表面打磨光滑,然后将 Mg 棒敲入钻有直径 2.5 mm 通孔的 Cu 圆柱内。因为 Mg 的热膨胀系数($26×10^{-6}$/℃)大于 Cu 的热膨胀系数($17.5×10^{-6}$/℃),所以在高温下 Mg/Cu 界面将紧密的贴合,这样有利于扩散偶的成功制备。将装配好的扩散偶在环境压力下利用玻璃管对其进行密封,然后将封好的试样放入热处理炉中进行退火处理。退火温度为 400 ℃、430 ℃ 和 460 ℃ 三个温度,每个温度下分别保温 24 h、48 h 和 72 h。完成退火之后迅速将装有扩散偶的玻璃管放入冷水中淬火。

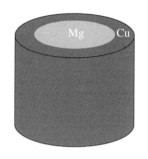

图 6.1　Mg/Cu 扩散偶示意图

　　扩散偶被横向切片,表面被抛光。然后在 20 mL 甘油、2 mL 盐酸、3 mL 硝酸和 5 mL 醋酸的腐蚀剂腐蚀 5 s,用于光学显微镜(OM)和扫描电子显微镜(SEM)观察。首先用 OM 检测每个扩散偶,以检查界面上金属间层的质量。然后用扫描电镜确定界面的微观结构,用 X 射线衍射仪(XRD)确定其组成相。从反向散射电子(BSE)显微图中进行了至少 20 次随机位置测量,以确定每个金属间层的平均厚度。采用电子探针微分析(EPMA)确定扩散偶的浓度分布。EPMA 的加速电压为 20 kV,光斑尺寸为 1 μm。以纯金属 Mg 和铜作为校准标准,ZAF(原子序数因子为 Z,吸收为 A,荧光校正为 F)方法校正。

6.2　Mg/Cu 扩散偶界面的微观组织

6.2.1　扩散层的微观组织

　　图 6.2 为 Mg/Cu 扩散偶在 400 ℃、430 ℃ 和 460 ℃ 下保温 24 h 的 BSE 照片。可以看到三个温度下在 Mg 和 Cu 基体之间形成两层扩散层。图 6.2(b)和(c)中在 Mg 和 Mg_2Cu 之间有一个很明显的沟。可能因为扩散试样在金相制备的过程中用化学抛光液进行了抛光,Mg 被腐蚀,而 Mg_2Cu 未被腐蚀,所以,在 Mg 和 Mg_2Cu 的界面处形成了一条明显的沟,同时使得深处的 Mg_2Cu 暴露出来,表层的 Mg_2Cu 和深处的 Mg_2Cu 由于不在一个平面上,导致形貌衬度的不一致。

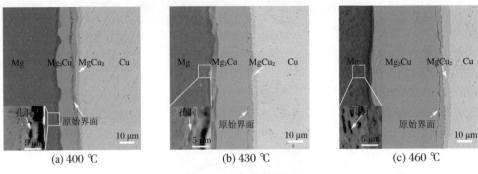

(a) 400 ℃   (b) 430 ℃   (c) 460 ℃

图 6.2   Mg/Cu 扩散偶在实验温度下保温 24h 扩散层的 BSE 照片

6.2.2   扩散层的相组成

图 6.3 为 Mg/Cu 扩散偶在 400 ℃、430 ℃和 460 ℃下退火 24 h 的浓度曲线。图 6.4 为 Mg/Cu 扩散偶在 460 ℃保温 24 h 后 Mg 基体侧和 Cu 基体侧的 XRD 分析。Mg_2Cu 和 $MgCu_2$ 的 XRD 图谱分别与 JCPDS 卡片中的 65-2526 和 65-9042 相吻合。XRD 试样的制备示意图如图 6.4 所示,沿 Mg/Cu 扩散偶的轴线方向从中心切出一个长条,将长条沿扩散层的中间分开,然后将分开的长条在扩散层面磨到只保留一种金属间化合物,最后将磨好的试样进行 XRD 分析。EDS 成分分析和 XRD 物相分析都证明扩散层中只有 Mg_2Cu 和 $MgCu_2$ 两种金属间化合物,Mg_2Cu 靠近 Mg 基体侧,而 $MgCu_2$ 靠近 Cu 基体侧。图 6.5 为 Mg-Cu 二元相图,虚线为扩散偶的三个实验的温度。Mg-Cu 相图表明在 400~460 ℃范围内存在 Mg_2Cu 和 $MgCu_2$ 两种金属间化合物。因此,Mg/Cu 扩散偶的实验结果与相图一致。图 6.3 可以看出 400 ℃、430 ℃和 460 ℃下,在 $MgCu_2$ 中 Cu 的溶解度分别为 64.51%~66.26%Cu,64.92%~66.86%Cu 和 65.42%~67.5%Cu(质量百分数)。Cu 在 $MgCu_2$ 边界处的成分在图 6.4 中标出。随着温度的升高,Cu 在 $MgCu_2$ 中的溶解范围增加。实验结果与相图一致。从图 6.3 可以看出 Mg_2Cu 为线状的金属间化合物,这与相图结果一致。Mg_2Cu 几乎没有溶解,而且 Mg_2Cu 中间化合物的厚度在所有实验的温度下都比 $MgCu_2$ 的厚。图 6.3 中的 Matano 平面与之前 Nonaka 等[11]的报道是吻合的。图 6.2 中可以发现在 Mg 基体附近形成大量的孔洞。这些孔洞可能是收缩引起的,而不是柯肯德尔孔洞。因为收缩孔洞的形貌主要为蠕虫状[14],柯肯德尔孔洞的形貌主要为球状。[15-16]

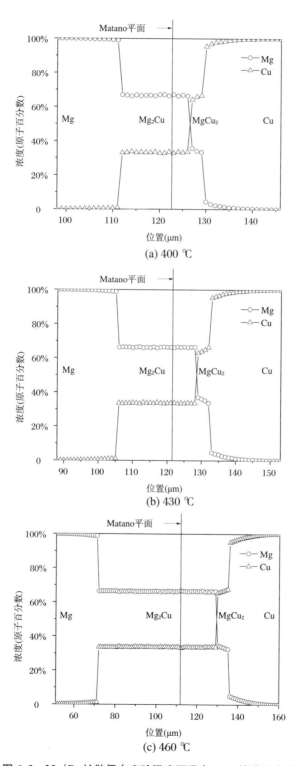

图 6.3　Mg/Cu 扩散偶在实验温度下退火 24 h 的浓度曲线

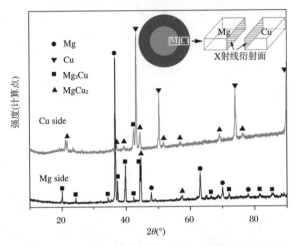

图 6.4　在 460 ℃下保温 24 h 的 Mg/Cu 扩散偶 XRD 衍射图

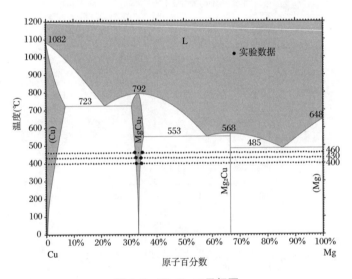

图 6.5　Mg-Cu 二元相图

6.3　Mg/Cu 扩散偶的扩散动力学

6.3.1　扩散层动力学

为了研究 $MgCu_2$ 和 Mg_2Cu 扩散层的动力学,于是对扩散层的生长因子进行计算。图 6.6(a)为扩散层厚度与时间的开平方的线性关系拟合。从图中可以看出扩散层厚度的实验数据线性拟合的直线通过坐标轴原点,这说明与扩散退火的时间相比形核所需要的时间可以忽略。因此,扩散层的生长过程受扩散控制,同时扩散层的生长符合下列抛物线规律:

$$x = \sqrt{kt} \tag{6.1}$$

其中,x 是扩散层的厚度,t 是退火时间,k 是生长常数。生长常数 k 与温度满足 Arrhenius 关系:

$$k = k_0 \exp\left(-\frac{Q}{RT}\right) \tag{6.2}$$

其中,k_0 为指前因子,R 为气体常数,Q 为扩散激活能,T 为退火温度。

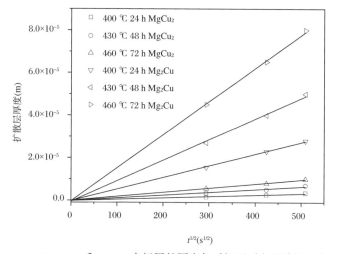

(a) MgCu$_2$和Mg$_2$Cu中间层的厚度与时间开平方的线性拟合

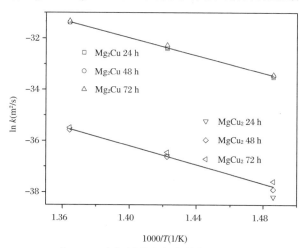

(b) MgCu$_2$和Mg$_2$Cu中间层的生长常数与温度的Arrhenius关系

图 6.6　Mg/Cu 扩散偶的动力学关系

图 6.6(b)为 $\ln k$ 与 $1/T$ 的线性关系。表 6.1 为中间层的生长常数、指前因子和扩散激活能。$MgCu_2$ 的扩散激活能比 Mg_2Cu 高。然而 $MgCu_2$ 的指前因子比 Mg_2Cu 的要小。在同一温度下，$MgCu_2$ 的生长常数比 Mg_2Cu 低一个数量级。本实验中的 Mg_2Cu 扩散激活能比 Nonaka 等[11]研究结果要略低。

表 6.1　Mg/Cu 扩散偶在 400 ℃、430 ℃和 460 ℃下扩散层的生长常数、指前因子和扩散激活能

扩散层	$T(℃)$	$k(m^2/s)$	$k_0(m^2/s)$	$Q(kJ/mol)$
	400	$4.34(\pm0.27)\times10^{-17}$		
$MgCu_2$	430	$1.73(\pm0.12)\times10^{-16}$	$1.45(\pm0.29)\times10^{-5}$	147.57 ± 1.49
	460	$3.76(\pm0.52)\times10^{-16}$		
	400	$3.00(\pm0.18)\times10^{-15}$		
Mg_2Cu	430	$9.17(\pm0.77)\times10^{-15}$	$2.03(\pm0.51)\times10^{-5}$	139.12 ± 1.30
	460	$2.31(\pm0.10)\times10^{-14}$		

6.3.2　互扩散系数

在二元合金中的金属间化合物层的互扩散系数可以利用 Heumann-Matano 方法计算。[17-18]这种方法可以有效地计算浓度线性分布的中间相：

$$\widetilde{D}_i = -\frac{1}{2t}\frac{w_i}{\Delta C_i}\int_0^{C_i^{1/2}}x\mathrm{d}C_i \tag{6.3}$$

其中，$\widetilde{D}_i$ 和 C_i 分别为互扩散系数和 i 相的浓度。x 是距 Matano 界面的距离，t 是扩散保温时间，w_i 是 i 相的厚度，ΔC_i 是 i 相两端的浓度差，$C_i^{1/2}$ 是 i 相的中间位置的浓度。

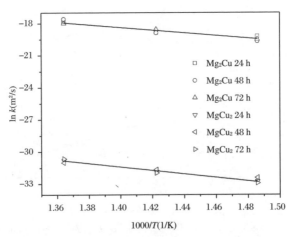

图 6.7　Mg-Cu 体系互扩散系数的 Arrhenius 关系

利用公式（6.3）计算 $MgCu_2$ 和 Mg_2Cu 的互扩散系数。表 6.2 为 $MgCu_2$ 和 Mg_2Cu 金属间化合物的平均互扩散系数、扩散激活能和指前因子。图 6.6 为三个退火温度下的每个时间的数据点的 Arrhenius 关系。

表 6.2　$MgCu_2$ 和 Mg_2Cu 金属间化合物的平均互扩散系数、扩散激活能和指前因子

$T(℃)$	$D(m^2/s)$	
	$MgCu_2$	Mg_2Cu
400	$6.55(\pm1.73)\times10^{-15}$	$3.63(\pm0.86)\times10^{-9}$
430	$1.53(\pm0.24)\times10^{-14}$	$3.40(\pm0.30)\times10^{-9}$
460	$4.27(\pm0.77)\times10^{-14}$	$6.70(\pm0.72)\times10^{-9}$
$D_0(m^2/s)$	$1.61(\pm0.33)\times10^{-2}$	$3.04(\pm1.57)\times10^{-1}$
$Q(kJ/mol)$	143.52 ± 10.45	97.19 ± 6.01

6.3.3　杂质扩散系数

Hall 互扩散系数通过外推的扩散曲线到零浓度对在无限稀释成分的杂质扩散系数进行评价。因此，根据 Hall[19] 方法在扩散偶的末端相的浓度和距离的曲线可以计算杂质扩散系数。Hall 方法的关系式为

$$\frac{C}{C_0} = \frac{1}{2}(1 + erf(u)) \qquad (6.4)$$

$$erfc(u) = \frac{1}{2}(1 + erf(u)) \qquad (6.5)$$

$$u = h\lambda + k \qquad (6.6)$$

其中，C_0 是原始浓度，h 和 k 是常数，u 与 Boltzmann 的参数 $\lambda = \frac{x}{\sqrt{t}}$ 呈线性关系，h 为直线的斜率，k 为直线的截距。当 h 和 k 的值确定之后杂质扩散系数可以通过下面公式计算：

$$D = \frac{1}{4h^2} + \frac{k\pi^{1/2}}{2h^2}\exp(u^2)erfc(u) \qquad (6.7)$$

图 6.8（a）和（b）分别为 Mg/Cu 扩散偶在 400～460 ℃ 下退火 24 h 后 Cu 在 Mg 中和 Mg 在 Cu 中的浓度曲线。表 6.3 为在 400 ℃，430 ℃ 和 460 ℃ 下，Cu 在 Mg 中（$^{Mg}D^*_{Cu}$）和 Mg 在 Cu 中（$^{Cu}D^*_{Mg}$）的杂质扩散系数，以及相关的扩散激活能和指前因子。$^{Cu}D^*_{Mg}$ 比 $^{Mg}D^*_{Cu}$ 大一个数量级。Mg 在 Cu 中扩散的扩散激活能和指前因子比 Cu 在 Mg 中扩散要小。

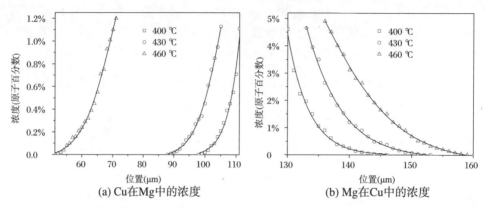

(a) Cu在Mg中的浓度　　　　　　　　(b) Mg在Cu中的浓度

图6.8　Mg/Cu 扩散偶在 400～460 ℃范围内退火 24 h 后 Cu 在 Mg 中和 Mg 在 Cu 中的浓度曲线

表6.3　在 400 ℃、430 ℃ 和 460 ℃下，Cu 在 Mg 中($^{Mg}D^*_{Cu}$)和 Mg 在 Cu($^{Cu}D^*_{Mg}$)中的杂质扩散系数，以及相关的扩散激活能和指前因子

$T(℃)$	$^{Mg}D^*_{Cu}(m^2/s)$	$^{Cu}D^*_{Mg}(m^2/s)$
400	$6.27(\pm0.14)\times10^{-15}$	$1.78(\pm0.41)\times10^{-14}$
430	$1.44(\pm0.49)\times10^{-14}$	$5.71(\pm0.21)\times10^{-14}$
460	$2.69(\pm0.63)\times10^{-14}$	$9.71(\pm0.23)\times10^{-14}$
$D_0(m^2/s)$	$3.10(\pm0.31)\times10^{-3}$	$1.02(\pm0.26)\times10^{-4}$
$Q(kJ/mol)$	164.04 ± 7.18	139.38 ± 0.65

　　图6.9 各种元素在 Mg 中的杂质扩散系数，Mg 和 Cu 的自扩散系数。可以看出 Zn[20]、Ag[20]、La[21]和 Ce[21]在 Mg 中的扩散系数比 Mg 的自扩散系数大[22]，然而，In[20]、Mn[23]、Be[24]、Fe[25]、Ni[25]、U[25]、Al[26]和 Cu 在 Mg 中的扩散系数比 Mg 的自扩散系数小。Mg 的自扩散系数比 Mg 在 Cu 中的扩散系数，Cu 在 Mg 中的扩散系数和 Cu 的自扩散系数大[26]，即 $D^*_{Mg}>^{Cu}D^*_{Mg}>^{Mg}D^*_{Cu}>D^*_{Cu}$。

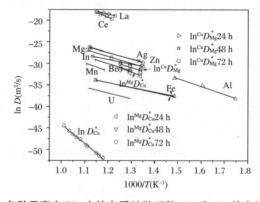

图6.9　各种元素在 Mg 中的杂质扩散系数，Mg 和 Cu 的自扩散系数

本 章 小 结

本章主要研究了 Cu 与 Mg 的扩散动力学，主要得到以下结论：

（1）在 Mg/Cu 扩散偶中发现有 $MgCu_2$ 和 Mg_2Cu 形成，而且扩散层的厚度与退火时间满足抛物线关系。这表明扩散层的受扩散控制。$MgCu_2$ 和 Mg_2Cu 扩散层生长的扩散激活能分别为（147.57 ± 1.49）kJ/mol 和（139.12 ± 1.3）kJ/mol。

（2）利用 Heumann-Matano 方法计算了 $MgCu_2$ 和 Mg_2Cu 金属间化合物在 $400 \sim 460$ ℃下的平均互扩散系数、扩散激活能和指前因子。$MgCu_2$ 和 Mg_2Cu 的互扩散激活能分别为（143.52 ± 10.45）kJ/mol 和（97.19 ± 6.01）kJ/mol。利用 Hall 方法计算了 $400 \sim 460$ ℃下 Cu 在 Mg 中（$^{Mg}D_{Cu}^{*}$）和 Mg 在 Cu 中（$^{Cu}D_{Mg}^{*}$）的杂质扩散系数，以及相关的扩散激活能和指前因子。Cu 在 Mg 中和 Mg 在 Cu 的扩散激活能分别为（164.04 ± 7.18）kJ/mol 和（139.38 ± 0.65）kJ/mol。

参 考 文 献

[1] Kiani M，Gandikota I，Rais-Rohani M，et al. Design of lightweight magnesium car body structure under crash and vibration constraints[J]. Journal of Magnesium and Alloy，2014，2(2)：99-108.

[2] Luo A A. Magnesium casting technology for structural applications[J]. Journal of Magnesium and Alloy, 2013，1(1)：2-22.

[3] Mordike B L，Ebert T. Magnesium：properties-applications-potential[J]. Materials Science and Engineering：A，2001，302(1)：37-45.

[4] Mezbahul-Islam M，Mostafa A O，Medraj M. Essential magnesium alloys binary phase diagrams and their thermochemical data[J]. Journal of Materials，2014，2014：1-33.

[5] Lei J，Huang H，Dong X，et al. Formation and hydrogen storage properties of in situ prepared Mg-Cu alloy nanoparticles by arc discharge[J]. International Journal of Hydrogen Energy，2009，34(19)：8127-8134.

[6] Tanaka K，Takeshita H T，Kurumatani K，et al. The effect of initial structures of Mg/Cu super-laminates on hydrogen absorption/desorption properties[J]. Journal of Alloys and Compounds，2013，580：S222-S225.

[7] Das S K，Jung I H. Effect of the basal plane orientation on Al and Zn diffusion in hcp Mg [J]. Materials Characterization，2014，94：86-92.

[8] Brennan S，Bermudez K，Kulkarni N S，et al. Interdiffusion in the Mg-Al system and Intrinsic diffusion in β-Mg_2Al_3[J]. Metallurgical and Materials Transactions A，2012，43 (11)：4043-4052.

[9] Mostafa A，Medraj M. On the atomic interdiffusion in Mg-{Ce，Nd，Zn} and Zn-{Ce，

Nd} binary systems[J]. Journal of Materials Research, 2014, 29(13): 1463-1479.

[10] Dai J, Jiang B, Li X, et al. The formation of intermetallic compounds during interdiffusion of Mg-Al/Mg-Ce couples [J]. Journal of Alloys and Compounds, 2015, 619: 411-416.

[11] Nonaka K, Sakazawa T, Nakajima H. Reaction diffusion in Mg-Cu system[J]. Materials Transactions, JIM, 1995, 36: 1463-1466.

[12] Hong Q Z, D heurle F M. The dominant diffusing species and initial phase formation in Al-Cu, Mg-Cu, and Mg-Ni systems [J]. Journal of Applied Physics, 1992, 72 (9): 4036-4040.

[13] Coughanowr C, Ansara I, Luoma R, et al. Assessment of the Cu-Mg system[J]. International Journal of Materials Research, 1991, 82(7): 574-581.

[14] Lee P D, Hunt J D. Hydrogen porosity in directional solidified aluminium-copper alloys: in situ observation[J]. Acta Materialia, 1997, 45(10): 4155-4169.

[15] Karunaratne M S A, Carter P, Reed R C. On the diffusion of aluminium and titanium in the Ni-rich Ni-Al-Ti system between 900 and 1200 ℃[J]. Acta Materialia, 2001, 49(5): 861-875.

[16] Strandlund H, Larsson H. Prediction of kirkendall shift and porosity in binary and ternary couples[J]. Acta Materialia, 2004, 52(15): 4695-4703.

[17] Lazarus D. Diffusion in metals[M]. New York: Academic Press, 1960.

[18] Heumann T. Zur berechnung von diffusions koeffizienten bei einund mehrphasiger diffusion in festen legierungen[J]. Zeitschrift für Physikalische Chemie, 1952, 201 (1): 168-187.

[19] Hall L D. An analytical method of calculating variable diffusion coefficients[J]. Journal of Chemical Physics, 1953, 21(1): 87-89.

[20] Lal K. Diffusion of some elements in magnesium[J]. CEA Report, 1967: 54.

[21] Lal K, Levy V. Study of the diffusion of cerium and lanthanum in magnesium[J]. Compt. Rend., Ser. C, 1966, 262: 107.

[22] Jin L, Kevorkov D, Medraj M, et al. Al-Mg-RE (RE=La, Ce, Pr, Nd, Sm) systems: thermodynamic evaluations and optimizations coupled with key experiments and Miedema's model estimations[J]. The Journal of Chemical Thermodynamics, 2013, 58: 166-195.

[23] Zhou B C, Shang S L, Wang Y, et al. Data set for diffusion coefficients of alloying elements in dilute Mg alloys from first-principles[J]. Data in brief, 2015, 5: 900-912.

[24] Pavlinov L V, Gladyshev A M, Bykov V N. Self-diffusion in calcium and diffusion of barely soluble impurities in magnesium and calcium[J]. The Physics of Metals and Metallography, 1968, 26(5): 53-59.

[25] Brennan S, Warren A P, Coffey K R, et al. Aluminum impurity diffusion in magnesium [J]. Journal of Phase Equilibria and Diffusion, 2012, 33 (2): 121-125.

[26] Maier K. Self-diffusion in copper at "low" temperatures[J]. Physica Status Solidi A, 1977, 44(2): 567-576.

第 7 章　镁合金与 Ti 的界面扩散反应及力学性能

镁合金是最轻的金属结构材料,具有高比强度、优良的铸造性能和易回收性。然而,由于商用镁合金的强度较低,其应用受到限制。[1-3] 钛合金因其高比强度、显著的冲击韧性、优异的耐腐蚀性和显著的热稳定性而得到了广泛的应用。[4] 然而,较高的生产成本限制了其广泛的应用。[5] 双金属材料已被广泛应用于许多工业领域,因为它们结合了几种整体材料无法提供的良好性能。由于 Mg 和 Ti 双金属材料,可以结合 Mg 的低密度和极高的比强度和显著的热稳定性而受到广泛的关注。

在过去的几年中,有报道称 Al/Mg、Mg/Mg、Al/Ti 双金属材料已经通过累积叠轧[7]、挤压成型[8]、激光焊接-钎焊[9] 等制备了双金属材料。然而,由于这些方法的加工工艺非常复杂,且产品的界面黏接强度通常较低,且大批量生产的机会较小,因此仍有很大的改进空间。近年来,液固铸造法也被用于生产 Al/Mg[10]、Mg/Mg[11] 和 Al/Ti[12] 双金属材料,由于生产成本低、生产工艺简单、界面结合强度高,在制备双金属材料方面具有良好的工业应用前景。然而,到目前为止,采用固/液铸造法制备的 Mg/Ti 双金属材料尚未见报道。

在 Mg 和 Ti 的界面上获得完美的冶金结合,对于保证 Mg/Ti 双金属材料优异的力学性能非常重要。然而,Mg 和 Ti 之间没有化合物生成。此外,Mg 和 Ti 之间的固溶体的值非常低。[13] 这表明在 Mg 和 Ti 之间没有发生界面反应或原子扩散。因此,必须加入一个中间元素才能与 Mg 和 Ti 或在 Mg 和 Ti 中的固体溶解度发生反应。Al 是改善镁合金和钛合金力学性能的主要合金元素,在 Al 与 Mg 或 Ti 的反应作用下,在凝固过程中可以形成金属间化合物。文献[14-16]采用焊接-钎焊法研究了(Mg-Al)-Ti 不同金属的焊接,发现钎焊界面由金属间化合物 Ti_3Al 形成,并且提高了接头抗裂纹扩展能力和力学性能。因此,通过液固铸造工艺,可以在 Mg-Al 合金与 Ti 的界面上形成完美的冶金结合。

在此基础上,本章对 Mg-9Al 合金和 Ti 的界面扩散反应进行了研究,通过固/液扩散偶制备优良的界面冶金结合。进一步讨论了 Mg-9Al/Ti 冶金结合界面的微观组织和力学行为。

7.1　镁合金与 Ti 扩散偶界面的扩散反应

7.1.1　镁合金与 Ti 的复合铸造试样制备和测试分析方法

采用尺寸为 $\varnothing 8$ mm×100 mm 的 Mg-9Al（Mg-9%Al（质量百分数））铸锭和 Ti 棒。使用前用 1000 粒 SiC 纸对 Ti 棒表面进行抛光处理,然后用丙酮清洗,最后将 Mg-9Al 锭放入尺寸为 $\varnothing 34$ mm×90 mm 的不锈钢坩埚中(图 7.1),在六氟化硫和二氧化硫混合气体的保护气氛下在电阻炉中保温。Mg-9Al 合金在 700 ℃下熔化。熔化后,Ti 棒迅速插入熔融的 Mg-9Al 合金中,并在坩埚顶部设置钢盖,使 Ti 棒保持垂直居中(图 7.1),形成 Mg-9Al/Ti 的液-固扩散偶。扩散偶在 700 ℃下分别保温0 min、30 min和 60 min。之后,扩散偶在炉内冷却至室温。

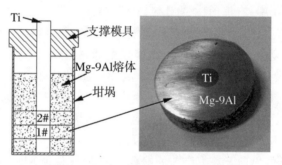

图 7.1　液-固扩散偶法制备 Mg-9Al/Ti 冶金键合工艺示意图

样品从垂直于 Ti 棒轴的扩散偶的中间部分切下,厚度为 9 mm。每个样品都用 400～1000 粒度的砂纸研磨,进行横截面扫描电子显微镜(SEM)表征分析。利用能谱仪(EDS)测定了界面的浓度分布和界面的相组成。此外,采用 X 射线衍射仪(XRD)测定了界面断裂试样的相结构。

采用推出试验对冶金结合界面的剪切强度进行了研究。推出试验原理图如图 7.2所示,试样支撑平台为直径为 10 mm 的中心圆孔。上模顶出块的直径为 6 mm。加载速率为 1 mm/min。界面结合的剪切强度计算公式如下:

$$\tau = \frac{F_{\max}}{2\pi rt} \tag{7.1}$$

式中,$F_{\max}$ 为最大载荷,r 为 Ti 棒半径,t 为试样厚度。

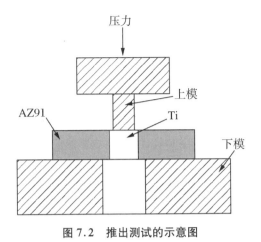

图 7.2　推出测试的示意图

7.1.2　界面微观组织

不同热处理时间下制备的 Mg-9Al/Ti 液固扩散偶冶金结合界面的背散射电子(BSE)截面显微图如图 7.3 所示。可以注意到,Mg-9Al 基体中的 $Mg_{17}Al_{12}$ 相附着在 Ti 棒表面。随着热处理时间的延长,界面处 $Mg_{17}Al_{12}$ 相的生长逐渐变粗。$Mg_{17}Al_{12}$ 相沿镁基体晶界分布。随着温度的升高,晶界润湿由 $Mg_{17}Al_{12}$ 相的不完全润湿过渡到完全润湿。由于 Ti 与 $Mg_{17}Al_{12}$ 相的接触角随着温度的升高而降低[17],可逆晶界由不完全向完全转变,因此液相润湿总是随着温度的升高而进行的。这是由于液相比固相具有更高的熵,温度依赖性 $2\sigma_{SL}(T)$ 总是比依赖性 $\sigma_{GB}(T)$ 更陡[18]。图 7.3(a)为 Mg-9Al/Ti 在 700 ℃ 下保温 0 min 条件下界面处的横截面 BSE 照片,可以明显看出,Mg-9Al 合金与 Ti 棒的界面处有明显间隙。然而,Mg-9Al/Ti 界面在 700 ℃ 下保温 30 min 和 60 min 的 BSE 照片如图 7.3(b)和(c)所示,试样在 Mg-9Al/Ti 界面形成了完整的冶金结合。

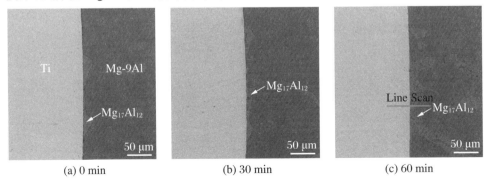

(a) 0 min　　　　　　　　(b) 30 min　　　　　　　　(c) 60 min

图 7.3　在 700 ℃ 下保温不同时间的 Mg-9Al 基体与 Ti 棒之间界面的横截面背散射电子(BSE)显微图

图 7.4(a)为在 700 ℃下保温 60 min 后 Mg-9Al 基体与 Ti 界面的放大图像,可以看出,在靠近 Ti 基体的界面处生成了金属间化合物。图 7.4(b)为图 7.4(a)中的 A 点的能谱图和 EDS 结果,发现 A 点的 Al 的组成为 57.12%(原子百分数)和 Ti 是 39.45%,Al/Ti 的比值为 3.06,可以推断该金属间化合物为 Al_3Ti。这与 Jie 等[19]和 Palm 等[20]关于液态 Al 和固态 Ti 之间形成 Al_3Ti 的报道是一致的,但与 Cao 等[14]和 Tan 等[15-16]的研究结果不一致。因此,需要进一步的证据。如图 7.4(a)所示,在界面处存在大量的纳米结构。有文献报道,这些纳米结构会加速附着原子的扩散,提高界面的润湿性。[21-23]

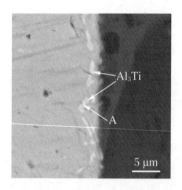

(a) 在700 ℃下加热60 min后Mg-9Al
基体与Ti基体界面的高倍图像

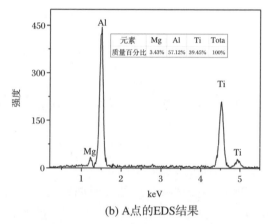

(b) A点的EDS结果

图 7.4　界面 EDS 分析

在 700 ℃下保温 60 min 后得到的 Mg-9Al 基体与 Ti 基体的界面,用 EDS 线扫描进行了分析,如图 7.5 所示。在 Mg-9Al 基体与 Ti 棒的界面处,Ti 元素在接近 Mg-9Al 基体时趋于减少。$Mg_{17}Al_{12}$ 相中 Ti 的浓度明显高于 Mg 基体。此外,在 Mg-9Al 基体与 Ti 棒的界面处,Mg 和 Al 的元素变化明显,接近 Ti 侧时呈下降趋势。因此,可以推断,Al 和 Ti 元素的扩散可能在 Mg-9Al/Ti 冶金结合界面中起重要作用。由于 Al 和 Ti 之间的相互扩散,在界面处形成了 Al_3Ti 化合物。

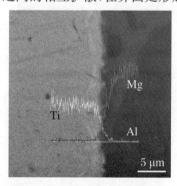

图7.5　在 700 ℃下保温 60 min 得到 Mg-9Al 基体与 Ti 棒界面的线扫描曲线

图 7.6 为 700 ℃下保温 60 min 后 Mg-9Al 基体与 Ti 棒界面处图 7.3(c)所示位置的元素浓度,可以看出,元素分布趋势与图 7.5 的结果一致。根据 Hall 的方法[24],分别求出 Mg 在 Ti 中、Al 在 Ti 中、Ti 在 Mg-9Al 中的杂质扩散系数。结果分别为 $1.70(\pm 0.02)\times 10^{-15}$ m²/s、$3.77(\pm 0.12)\times 10^{-15}$ m²/s、$1.60(\pm 0.23)\times 10^{-14}$ m²/s。可以看出,Al 在 Ti 中的扩散速度比 Mg 在 Ti 中的扩散速度快。Ti 在 Mg-9Al 中的扩散速度快于 Al 和 Mg 杂质在 Ti 中的扩散速度,这可能与 Ti 和 Mg-9Al 合金的状态有关。因此,Al 和 Ti 元素的扩散在 Mg-9Al/Ti 冶金结合界面中起着重要的作用。

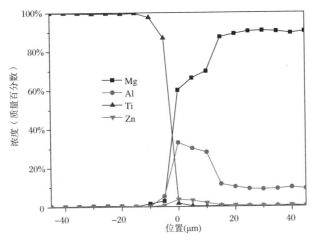

图 7.6　在 700 ℃下保温 60 min 后 Mg-9Al 基体与 Ti 棒界面的元素浓度分布图

7.1.3　界面金属间化合物形成的热力学分析

从 Mg-Ti 二元相图来看,Mg 和 Ti 几乎不形成化学反应。然而,Al-Ti 二元相图如图 7.7 所示。可以看到几种金属间化合物,即 AlTi、Al_2Ti、Al_5Ti$_2$、Al_3Ti 和 AlTi$_3$。因此,Mg-Al 和 Al-Ti 金属间化合物很可能在 Mg-9Al/Ti 冶金结合界面中形成。热力学是决定金属间化合物能否形成的一个重要因素。Miedema 的生成焓模型用于计算 Mg-Ti、Mg-Al 和 Al-Ti 二元体系的标准摩尔生成焓。[9,16]计算结果表明,Mg-Ti 二元体系的标准摩尔焓为正,而 Al-Mg 和 Al-Ti 二元体系的标准摩尔焓为负,Al-Ti 二元体系的标准摩尔焓大于 Al-Mg 二元体系的标准摩尔焓,因此,在相同条件下,Al-Ti 金属间化合物更容易在 Mg-9Al/Ti 界面形成。

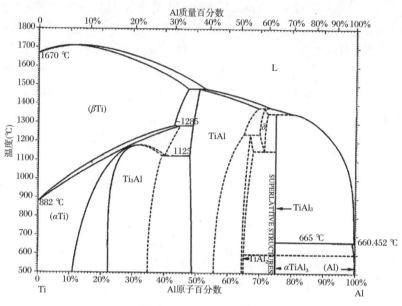

图 7.7   Al-Ti 二元相图

通过粉末冶金途径合成铝化钛的研究表明,Al_3Ti 的形成先于其他属于二元 Ti-Al 体系的铝化钛的形成。[25]在固体 Ti 和液体 Al 相互作用过程中也有 Al_3Ti 形成的报道。[26]考虑 Mg-Al/Ti 界面的热力学驱动力可以解释这种现象。文献[27-28]中介绍了各种 Al-Ti 化合物形成的吉布斯自由能与温度的关系。在以往的研究中,采用亚晶格模型(Wagner-Schottky 模型)计算 $AlTi_3$、$AlTi$、Al_3Ti、Al_2Ti 和 Al_5Ti_2 的吉布斯自由能。得到的化合物吉布斯自由生成能的最终表达式见表 7.1。在 373~1073 K 温度范围内计算吉布斯自由能值,得到的结果如图 7.8 所示。由图中可以发现,在此温度范围内,Al_3Ti 的吉布斯自由能低于 AlTi 和 $AlTi_3$,高于 Al_2Ti 和 Al_5Ti_2,但 Al_2Ti 和 Al_5Ti_2 必须通过一系列反应与 AlTi 发生反应。因此,Al_3Ti 是 Al-Ti 体系中首先形成的相。这与在 700 ℃下 60 min 后得到的 Mg-9Al 与 Ti 界面的 EDS 和 XRD 结果一致。但本研究中只有少量 Al 向 Ti 棒扩散,因此 Al_3Ti 化合物的形成较少。

表 7.1   各种 Ti-Al 化合物形成的吉布斯自由能的温度依赖性[21]

金属间化合物	吉布斯自由能 ΔG
$AlTi_3$	$-29,633.6 + 6.70801T$
$AlTi$	$-37,445.1 + 16.79376T$
Al_3Ti	$-40,349.6 + 10.36525T$
Al_2Ti	$-43,858.4 + 11.02077T$
Al_5Ti_2	$-40,495.4 + 9.52964T$

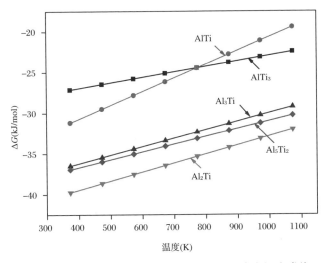

图 7.8　不同金属间化合物在实验温度下的吉布斯生成能

7.1.4　界面冶金反应机理

图 7.9 对 Mg-9Al/Ti 界面的冶金反应机理进行了解释。在实验温度下,Ti 棒快速浸入 Mg-9Al 合金熔液中,Mg 和 Ti 没有相互反应。然而,Al 和 Ti 可以形成几种 Al-Ti 金属间化合物。Al 原子从熔融的 Mg-9Al 合金中扩散到固/液界面和 Ti 基体。Al 原子与 Ti 原子在 Ti 基体混合,并且在固/液界面处 Ti 原子从 Ti 基体向外扩散,如图 7.9(a)和(b)所示。Tan 等[16]发现在相同 Ti 含量下,Al 的化学势随着 Al 摩尔分数的增加而降低。在相同 Al 含量下,Al 的化学势随 Ti 摩尔分数的变小而变小。因此,低 Al 和高 Ti 含量促进了 Al 原子从熔体向固/液界面和 Ti 基体扩散[29]。Ti 基体和固/液界面中的 Al 原子饱和,导致 Al$_3$Ti 相析出,如图 7.9(c)所示。当温度降至 325 ℃ 时,α-Mg + Mg$_{17}$Al$_{12}$ 发生共晶反应[30],如图 7.9(d)所示。结果表明,在 Mg-9Al/Ti 界面形成完整的冶金结合。

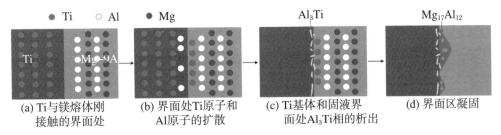

(a) Ti 与镁熔体刚　　　(b) 界面处 Ti 原子和　　(c) Ti 基体和固液界　　(d) 界面区凝固
　接触的界面处　　　　　Al 原子的扩散　　　　　面处 Al$_3$Ti 相的析出

图 7.9　固/液界面冶金反应机理示意图

7.2　镁合金与 Ti 扩散偶界面的力学性能

7.2.1　力学性能

图 7.10 为在 700 ℃下进行 0 min、30 min 和 60 min 的 Mg-9Al/Ti 界面冶金结合的荷载-位移曲线。随着热处理时间的延长，Mg-9Al/Ti 界面冶金结合的剪切力呈增加趋势。界面处的平均剪切应力可由式(7.1)求得。不同热处理时间下 Mg-9Al/Ti 冶金结合的剪切强度结果见表 7.2。可以看出，本研究中 Mg-9Al/Ti 冶金结合的剪切强度随热处理时间的增加而增大，最大值为 56 MPa。

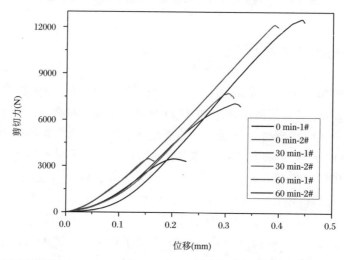

图 7.10　在 700 ℃下保温 0 min、30 min 和 60 min 的 Mg-9Al/Ti 界面冶金结合的载荷-位移曲线

表 7.2　不同热处理时间对 Mg-9Al/Ti 冶金结合强度的影响

试　样	最大剪切力（N）	最大剪切强度（MPa）
0 min-1#	3478	16
0 min-2#	3482	16
30 min-1#	7086	32
30 min-2#	7742	35
60 min-1#	12,174	54
60 min-2#	12,531	56

7.2.2　剪切断口分析

图 7.11(a)～(c)为不同热处理时间 Mg-9Al/Ti 界面冶金结合推出试样的 Ti 棒 SEM 断口。可以看出,Ti 棒表面粗糙度随热处理时间的延长而增大。图 7.11(d)为

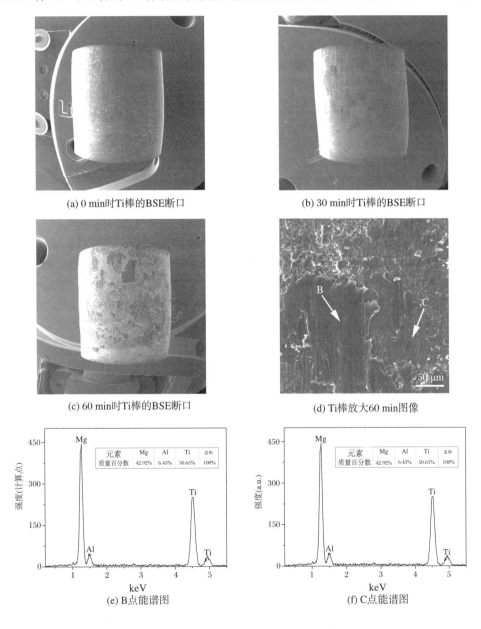

(a) 0 min时Ti棒的BSE断口

(b) 30 min时Ti棒的BSE断口

(c) 60 min时Ti棒的BSE断口

(d) Ti棒放大60 min图像

(e) B点能谱图

(f) C点能谱图

图 7.11　界面断口微观组

Ti 侧断口在 700 ℃ 作用 60 min 时的放大图像。断口呈长槽状,且均平行于推出方向,具有韧性断裂的特征。图 7.11(e)~(f)为图 7.11(d)中 B 点和 C 点的 EDS 分析结果,B 点主要为 Mg 元素,另外含有少量的 Al 元素,C 点主要含有 Mg 和 Ti 元素,因此,B 点是 Mg-9Al 基体,C 点是 Mg-9Al/Ti 冶金结合界面。图 7.12 为在 700 ℃ 保温 60 min 后,Ti 侧断口表面 Mg、Al 和 Ti 元素的分布情况。可以观察到 Mg-9Al 基体中的 Al 元素扩散到 Ti 棒中。表明 Al 和 Ti 相互扩散,Mg-9Al 和 Ti 之间发生化学相互作用,大大提高了剪切应力,Ti 和 Mg-9Al 之间的晶界由 $Mg_{17}Al_{12}$ 相的不完全润湿转变为完全润湿。因此,随着热处理时间的延长,Mg-9Al/Ti 界面的冶金结合变得牢固。

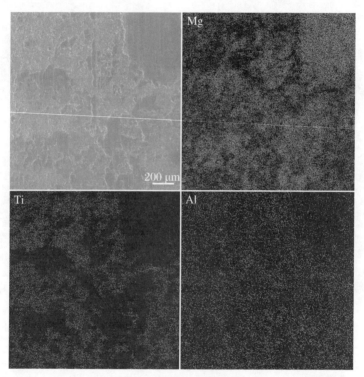

图 7.12　在 700 ℃ 下保温 60 min 的试样剪切实验后的 Ti 棒断口 Mg、Al、Ti 元素的 BSE-EDS 图谱

为了弄清剪切强度试验中裂纹的形成和扩展机制,有必要确定裂纹的起裂位置。图 7.13 为 Mg-9Al/Ti 冶金结合界面保温 60 min 后的断口横截面 BSE 照片。可以发现,断裂沿界面的 Mg-9Al 基体发生,说明 Mg-9Al/Ti 界面冶金结合较好,在推出试验中在 Mg-9Al 基体发生断裂。

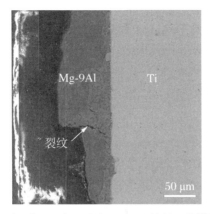

图 7.13　Mg-9Al/Ti 在 700 ℃下保温 60 min 的断口的横截面的 BSE 照片

为了表征 Mg-9Al/Ti 界面上形成的金属间化合物,对在 700 ℃下保温 60 min 后的 Mg-9Al/T 界面断口进行了 X 射线衍射分析,XRD 图谱如图 7.14 所示,结果显示,Mg-9Al 断裂面和 Ti 断裂面均存在 Mg、Ti、Mg$_{17}$Al$_{12}$ 和 Al$_3$Ti。然而,Ti 基体断口的 Mg 和 Mg$_{17}$Al$_{12}$ 相的峰高于 Mg-9Al 基体断口,说明断口路径在 Mg-9Al 基体中扩展,Al 和 Ti 在界面处反应生成 Al$_3$Ti,这与 Mg-9Al 和 Ti 基体界面的 EDS 结果一致。

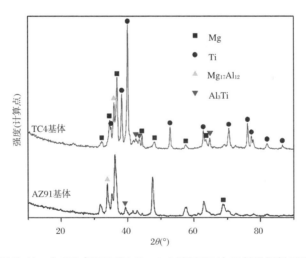

图 7.14　在 700 ℃下保温 60 min 试样断口的 X 射线衍射图谱

本 章 小 结

本章研究了不同热处理时间对 Mg-9Al/Ti 液-固扩散偶冶金结合组织、力学性能和断口形貌的影响。所得结果可总结如下：

（1）Mg-9Al 基体中的 $Mg_{17}Al_{12}$ 附着在 Ti 棒表面。晶界 Ti 和 Mg-9Al 由 $Mg_{17}Al_{12}$ 相的不完全润湿转变为完全润湿。在 Mg-9Al 合金与 Ti 基体的界面处形成了冶金键。Mg 在 Ti 中的杂质扩散系数为 $[1.70(\pm0.02)\times10^{-15}]$ m^2/s，Al 在 Ti 中的杂质扩散系数为 $[3.77(\pm0.12)\times10^{-15}]$ m^2/s，Ti 在 Mg-9Al 中的杂质扩散系数为 $[1.60(\pm0.23)\times10^{-14}]$ m^2/s。Al 和 Ti 元素的扩散在 Mg-9Al/Ti 冶金结合界面中起着重要的作用。

（2）随着热处理时间的延长，Mg-9Al/Ti 合金的剪切强度呈增加趋势。剪切强度最高可达 56 MPa。断口沿交界面 Mg-9Al 基体断裂。Al 与 Ti 相互扩散，Mg-9Al 与 Ti 发生化学相互作用，提高了剪切应力。

（3）通过 EDS 和 XRD 分析，发现 Al_3Ti 是 Mg-9Al/Ti 复合铸件界面上唯一的金属间化合物。计算了 $AlTi_3$、$AlTi$、Al_3Ti、Al_2Ti 和 Al_5Ti_2 的生成吉布斯自由能。结果表明，Al-Ti 体系中首先形成的相是 Al_3Ti。

参 考 文 献

[1] Wang X J，Xu D K，Wu R Z，et al. What is going on in magnesium alloys[J]. Journal of Materials Science & Technology，2017，34：245-247.

[2] Pan H，Ren Y，Fu H，et al. Recent developments in rare-earth free wrought magnesium alloys having high strength：a review[J]. Journal of Alloys and Compounds，2015，663：321-331.

[3] Pan F，Chen X，Yan T，et al. A novel approach to melt purification of magnesium alloys [J]. Journal of Magnesium and Alloys，2016，4(1)：8-14.

[4] Gorynin I V. Titanium alloys for marine application[J]. Materials Science and Engineering：A，1999，263(2)：112-116.

[5] Ren Y M，Lin X，Fu X，et al. Microstructure and deformation behavior of Ti-6Al-4V alloy by high-power laser solid forming[J]. Acta Materialia，2017，132：82-95.

[6] Neugebauer J. Theory-guided bottom-up design of beta-titanium alloys as biomaterials based on first principles calculations：Theory and experiments[J]. Acta Materialia，2007，55：4475-4487.

[7] Chen M C，Hsieh H C，Wu W. The evolution of microstructures and mechanical properties during accumulative roll bonding of Al/Mg composite[J]. Journal of Alloys and Compounds，2006，416：169-172.

[8] Feng B，Xin Y，Guo F，et al. Compressive mechanical behavior of Al/Mg composite rods with different types of Al sleeve[J]. Acta Materialia，2016，120：379-390.

[9] Gao M，Mei S，Li X，et al. Characterization and formation mechanism of laser-welded

Mg and Al alloys using Ti inter couple[J]. Scripta Materialia, 2012, 67: 193-196.

[10] Jiang W, Li G, Fan Z, et al. Investigation on the interface characteristics of Al/Mg bi-metallic castings processed by lost foam casting[J]. Metallurgical and Materials Transactions A, 2016, 47: 2462-2470.

[11] Zhao K N, Liu J C, Nie X Y, et al. Interface formation in magnesium-magnesium bimetal composites fabricated by insert molding method[J]. Materials & Design, 2016, 91: 122-131.

[12] Nie X Y, Liu J C, Li H X, et al. An investigation on bonding mechanism and mechanical properties of Al/Ti compound materials prepared by insert moulding[J]. Materials & Design, 2014, 63: 142-150.

[13] Predel B. Mg-Ti (Magnesium-Titanium)[M]. Berlin: Springe, 1997.

[14] Cao R, Wang T, Wang C, et al. Cold metal transfer welding-brazing of pure titanium TA2 to magnesium alloy AZ31B[J]. Journal of Alloys and Compounds, 2014, 605: 12-20.

[15] Tan C, Chen B, Meng S, et al. Microstructure and mechanical properties of laser welded-brazed Mg/Ti joints with AZ91 Mg based filler[J]. Materials & Design, 2016, 99: 127-134.

[16] Tan C, Song X, Chen B, et al. Enhanced interfacial reaction and mechanical properties of laser welded-brazed Mg/Ti joints with Al element from filler[J]. Materials Letters, 2016, 167: 38-42.

[17] Straumal B B, Gornakova A S, Kogtenkova O A, et al. Continuous and discontinuous grain-boundary wetting in Zn_xAl_{1-x}[J]. Physical Review B, 2008, 78(5): 0542021-0542026.

[18] Protasova S G, Kogtenkova O A, Straumal B B, et al. Inversed solid-phase grain boundary wetting in the Al-Zn system[J]. Journal of materials science, 2011, 46: 4349-4353.

[19] Jie W Q, Kandalova E G, Zhang R J. Al_3Ti/Al composites prepared by SHS[J]. Rare Metal Materials Engineering, 2000, 29(3): 145-148.

[20] Palm M, Zhang L C, Stein F, et al. Phases and phase equilibria in the Al-rich part of the Al-Ti system above 900 ℃[J]. Intermetallics, 2002, 10(6): 523-540.

[21] Paul W, Oliver D, Miyahara Y, et al. Transient adhesion and conductance phenomena in initial nanoscale mechanical contacts between dissimilar Metals[J]. Nanotechnology, 2013, 24(47): 475704.

[22] Dutheil P, Thomann A L, Lecas T, et al. Sputtered Ag thin films with modified morphologies: influence on wetting property[J]. Applied Surface Science, 2015, 347: 101-108.

[23] Torrisi V, Ruffino F. Nanoscale structure of submicron-thick sputter-deposited Pd films: effect of the adatoms diffusivity by the film-substrate interaction[J]. Surface and Coatings Technology, 2017, 315: 123-129.

[24] Sarafianos N. An analytical method of calculating variable diffusion coefficients[J]. Journal of Materials Science, 1986, 21: 2283-2288.

[25] Rawers J C, Wrzesinski W R. Reaction-sintered hot-pressed TiAl[J]. Journal of Materials Science, 1992, 27: 2877-2886.

[26] Abboud J H, West D R F. Microstructures of titanium-aluminides produced by laser surface alloying[J]. Journal of materials science, 1992, 27: 4201-4207.

[27] Sujata M, Bhargava S, Sangal S. On the formation of TiAl₃ during reaction between solid Ti and liquid Al[J]. Journal of Materials Science letters, 1997, 16: 1175-1178.

[28] Kattner U R, Lin J C, Chang Y A. Thermodynamic assessment and calculation of the Ti-Al System[J]. Metallurgical Transactions A, 1992, 23: 2081-2090.

[29] Chen S H, Li L Q, Chen Y B, et al. Si diffusion behavior during laser welding-brazing of Al alloy and Ti alloy with Al-12Si filler wire[J]. Transactions of Nonferrous Metals Society of China, 2010, 20(1): 64-70.

[30] Zhang J, Guo Z X, Pan F, et al. Effect of composition on the microstructure and mechanical properties of Mg-Zn-Al alloys[J]. Materials Science and Engineering: A, 2007, 456: 43-51.